典藏天下

U0745875

机枪
JIQIANG

兵器大盘点

最精美的兵器图片

最震撼的视觉冲击

北方联合出版传媒（集团）股份有限公司

万卷出版公司

图书在版编目(CIP)数据

兵器大盘点. 机枪 / 崔钟雷编. —沈阳：万卷出版公司，
2009.10 （2019.6 重印）
（典藏天下）
ISBN 978-7-5470-0367-1

Ⅰ. 兵… Ⅱ.崔… Ⅲ.①武器－少年读物②机枪－少年
读物 Ⅳ. E92-49

中国版本图书馆 CIP 数据核字 （2009） 第 188597 号

出版发行：北方联合出版传媒（集团）股份有限公司
　　　　　万卷出版公司
　　　　　（地址：沈阳市和平区十一纬路 29 号 邮编：110003）
印 刷 者：北京一鑫印务有限责任公司
经 销 者：全国新华书店
开　　本：690mm × 960mm　1/16
字　　数：100 千字
印　　张：7
出版时间：2009 年 10 月第 1 版
印刷时间：2019 年 6 月第 3 次印刷
责任编辑：赵　旭
策　　划：钟　雷
装帧设计：稻草人工作室
主　　编：崔钟雷
副 主 编：范秀楠　于晓蕊　刘志远
ISBN 978-7-5470-0367-1
定　　价：29.80 元

联系电话：024-23284090
邮购热线：024-23284050
传　　真：024-23284448
E－mail：vpc_tougao@163.com
网　　址：http://www.chinavpc.com

前言
foreword

机枪是指带有两脚架、枪架或枪座,能够实施连发射击的自动枪械。它主要用于杀伤有生力量,同时还可射击地面、水面或空中的薄壁装甲目标,从而压制敌方火力点。通常来说,机枪可分为轻机枪、重机枪、通用机枪以及大口径机枪。

有些历史学家认为,机枪的发明是过去的一百多年间最重要的武器技术之一。两次世界大战的硝烟虽已远去,但战场上军事武器的作用却不容小觑。战争中机枪等武器装备的使用,更是令战场的胜负变化多端。机枪这种武器的出现对人类发动战争的方式产生了深远的影响,它的简单构造、火力强大着实令人惊叹。历史悠久的加特林手摇式重

型机枪、世界上第一支能够连续射击的马克沁机枪,以及举世闻名的勃朗宁机枪……这些不断涌现的新技术、新型号机枪为世界战争史谱写了不可磨灭的篇章,同时也成为了那个残酷年代的永恒见证。

为了能够让读者更加方便地学习机枪的相关知识、了解机枪的发展历史,我们精心编写了这本图文并茂的书籍,以权威、翔实的文字辅以精美的图片,力求为广大读者呈现出机枪世界的风云变幻,给您带来强烈的视觉冲击。同时,真心地希望您在阅读本书时能够收获知识、有所启迪。

编 者

目录 /contents 典藏天下

⊕ **轻机枪**

目录 /contents　典藏天下

◎ 重机枪

⊙ 通用机枪

轻机枪

　　19世纪末至20世纪初，由于战争的不断演变，人们发现原有笨重的机枪不再适应当时的战场，于是人们研制出一种能够随步兵在行进间实施火力支援的机枪。这种机枪在战争中发挥着重要的作用，并逐渐形成了一个庞大的家族。

美国 约翰逊
M1941/1944式轻机枪

M1941式轻机枪

由美海军陆战队预备役上尉梅尔文·约翰逊发明的 M1941 式 7.62 毫米轻机枪是在 M1941 式半自动步枪的基础上研制的,它是 M1941 式半自动步枪的改进型。

虽然约翰逊轻机枪性能不错,但美国陆军对 M1941 约翰逊轻机枪不够重视,对其正式评审一直延期到 1942 年下半年才进行。

第二次世界大战期间,日本偷袭珍珠港迫使美国加入战圈。此时,美国海军陆战队自动武器不足的问题

⊕ 核心数据

型号:M1941
口径:7.62毫米
枪长:1 156毫米
枪重:4.3千克
弹容:10发

约翰逊 M1941 轻机枪
约翰逊轻机枪由美国人梅尔文·约翰逊设计研制,并于 1941 年由兰克斯顿武器公司生产。

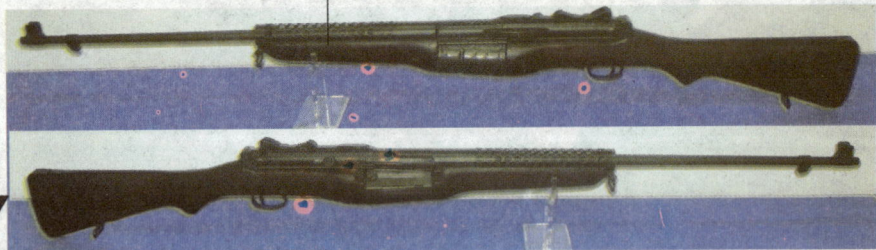

更加严重。于是,美海军陆战队决定采用约翰逊 M1941 轻机枪作为海军陆战队伞兵部队制式兵器,并给予约翰逊半自动轻机枪 M1941 的制式型号。根据 1942 年批准的美国海军陆战队武装编制表,团级部队装备 87 挺约翰逊 M1941 轻机枪。

虽然装备伞兵部队的约翰逊 M1941 轻机枪不是特别优秀,但射击性能很好,重要的是它的质量较轻、枪管分解简单,分解后可用小包装运输。因此,与海军陆战队一样执行空降等特种作战任务的美陆军第一特种作战部(FSSF)特别重视该枪的便携性。据记载,FSSF 从美海军陆战队取得并使用的约翰逊 M1941

约翰逊 M1944 轻机枪的准星设计尤为独特。

约翰逊轻机枪的细部结构。

M1944 轻机枪为直式枪托，所以准星部位设计较高。

轻机枪总数达 147 挺。

M1944式 轻机枪

　　M1944 式 轻 机 枪 是 M1941 式的改进型，它于 1944 年被美国陆军命名为约翰逊 M1944 式轻机枪。样枪在阿伯丁试验场进行了试验，试验表明：M1944 约翰逊轻机枪在一般的气候或使用条件下，基本上能满足性能要求，然而在低温与沙尘试验中没有达到要求。试验后，样枪重新返回工厂改进。

　　1944 年 3 月，改进后的 M1944 轻机枪再次被送到阿伯丁试验场，重新进行射击试验。改进后的轻机枪性能有所提高，在淋雨试验中连续射击 200 发无故障，合格后继续连发射击，直到第 383 发才停止动作。在沙尘试验中，该枪沾满沙

尘无法射击，但只要将沙尘洗净后涂油便仍可继续射击。在低温试验中，M1944 轻机枪在 -40℃的室内放置 17 小时后，可无故障射击 100 发枪弹。

令人惊奇的是约翰逊 M1944 式轻机枪的部件很少，全枪质量较轻，而且具有诸多优点，因此该枪很受重视，第二次世界大战后继续改进，主要改进的是其供弹方式，将约翰逊 M1944 式轻机枪的供弹方式改为弹链式。

M1944 轻机枪的枪托及脚架与 M1941 轻机枪有所不同，并极具现代感。

美国 斯通纳 63型系列机枪

发展历程

核心数据

型号	斯通纳63型
口径	5.56毫米
枪长	1 020毫米
枪重	5.31千克
弹容	150发

1962 年,斯通纳设计出一种新型轻机枪,最初名称为 M69W,其口径为 7.62×51 毫米,该机枪的特点是采用通用机匣,并通过更换不同部件在轻机枪和步枪之间进行转换。不久,斯通纳对其稍作改进后,重新命名为斯通纳 62 型。由于受到 M16 的影响,1963 年斯通纳完成了小口径型的设计,并命名为斯通纳 63 型机枪。

1963 年 8 月,斯通纳 63 型机枪开始交付美国海军陆战队进行试验,经过大约 6 个月的实战试验后,参与试验的队员对斯通纳 63 型机枪的印象较好,当时的海军陆战队驻越南部队司令官,即后来的海军陆战队副司令赖维斯·沃尔特上将极为推崇斯通纳 63 型,并向五角大楼申请订购更多的斯通纳 63 型,但并未获得批准。

斯通纳根据参与试验者的反馈意见,对斯通纳 63 型作出相应的改进,并于 1966 年 8 月将其重新定型为斯通纳 63A 型。

斯通纳 63 型机枪具有良好的通用性能。

斯通纳 63 型机枪由尤金·斯通纳设计，于 1963 年正式投入生产。

斯通纳 63 型系列机枪受到海军陆战队和海豹突击队的喜爱，而没有获得正式采用的原因主要与陆军的看法有关。当时海军陆战队的后勤供应是由陆军器材司令部负责的，而陆军器材司令部决定把 6×45 毫米口径作为下一代轻机枪的发展方向，集中力量研制和试验 6 毫米

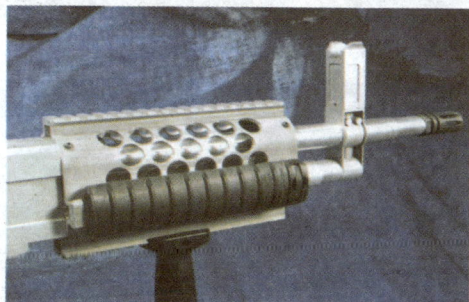

通过更换部件转换为步枪的斯通纳 63 型。

斯通纳63式机枪架设两脚架后，射手卧射时更加舒适。

斯通纳63型机枪分解示意图。

XM732 口径的罗德曼无托轻机枪。在这样的压力下，斯通纳决定把63A 也改成可发射6毫米 XM732 钢壳弹的机枪，并与罗德曼机枪同台比拼，但最终斯通纳机枪惜败。

远销海外

1967年,荷兰 NWM 公司获得斯通纳63A 北美以外地区的销售权。该公司于1969年推

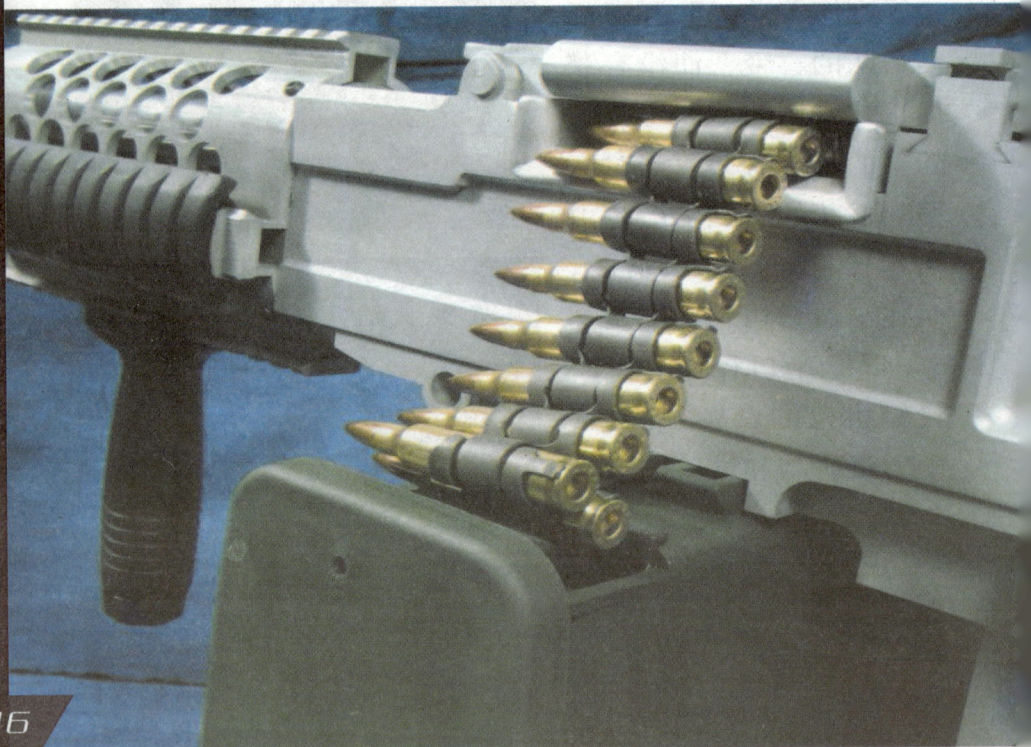

斯通纳 63 式机枪的提把装置。

63 式机枪的细部结构。

出了稍作改进的斯通纳 63A1 系列，但该公司从没有生产过任何斯通纳 63 系列,他们只负责把枪出口到欧洲国家。

设计思想

斯通纳 63 型系列机枪的模块化设计思想是为野战部队提供一种可根据战场变化作出改变的全能武器,使得加工制造和后勤供应大为简化。在当时,这种设计思想受到了质疑,因为在战场上改装枪型不是一件方便的事情,一个士兵通常只精通一种主要武器,而且不可能背着一大堆改装配件上战场。另一方面虽然这种通用武器系统能方便生产和减少后勤管理的压力,但其成本也较高,而且结构复杂,使用和维护都有极高的要求。此外,很多人对装备这种全系列的武器系统持有强烈的反对意见。

斯通纳系列机枪是凯迪拉克公司研制的新型通用武器系统,之后衍生出多种型号。

美国 M249轻机枪

M249 轻机枪是以比利时 FN 米尼米机枪为原型研制成功的,又称为班用自动武器,它发射 5.56×45 毫米口径北约标准弹药,是一种小口径、高射速、轻巧的轻机枪。美军在 1980 年举行的班用自动武器评选时,参选的 FN 米尼米命名为 XM249,其后于 1982 年 2 月 1 日正式装备,并成为 M249 班用自动武器。目前,已有三十多个国家采用 M249 机枪。

性能比较

M249 机枪可在持枪人员站立时或行进中射击,也可架设于火力阵地上,作为美军的班用自动武器,在战时可提供密集、强大的火力支援。与 M60 机枪相比,它只需要单兵操作及维护,而 7.62×51 毫米口径的 M60 机枪则需要 2 人 ~3 人才能提

⊕ 核心数据

型号:M249
口径:5.56毫米
枪长:1 040毫米
枪重:6.85千克
弹容:200发/30发

M249 轻机枪

M249 轻机枪采用气动、气冷原理，枪管可迅速更换，使射手在枪管故障或过热时无须浪费时间进行修理。

供火力支援；M249 重量较 M60 轻，且 5.56×45 毫米口径的弹药重量也比 7.62×51 毫米口径的弹药轻，携弹量大大增加。M249 装备有折合式两脚架，也可使用固定的 M2 三脚架，其枪托和枪管可选择更换，改进或升级后的 M249 还可以通过导轨加装其他装备，如激光指示器、瞄准镜等的战术配件。

M249 机枪的故障率低，并且可通过调节导气管直径来改变导气量以保持射击稳定，枪管的更换较 M60 机枪更加方便，机框内具有枪管对正的功能。此外，由于它采用两用供

M249 机枪是美军以比利时米尼米机枪为原型改造的机枪版本。

M249 轻机枪的成功研制已成为小口径机枪的典范。

架设脚架的 M249 轻机枪给射手射击时带来了极大的便利。

弹系统,即使原有弹链用尽,也可以换装 M16 突击步枪的 30 发弹匣或特制的 M249 米尼米机枪 100 发弹鼓继续射击。虽然 M249 机枪的可靠性备受信赖,但它的设计仍然存在一些问题,曾参与过阿富汗战争及伊拉克战争的美军士兵指出:M249 射速较高,重心偏后,抵肩射击时难以控制;早期型 M249 机枪的双脚架在收起时影响前护木的整体形状,不能舒适地拿稳,放下双脚架后又影响近战的灵活度;较长的枪管在近战中也缺乏灵活性;在装上 M16 突击步枪的弹匣射击时,供弹太快、故障率

高；200 发装弹链因过长而容易断裂，表现不如100 发弹链可靠。

M249 衍生型

　　经过不断的改进和升级，M249 机枪发展出许多带有不同特点的衍生型机枪，如伞兵型 M249 机枪，其枪管较短、枪托可伸缩；车载型 M249 机枪，可装备在悍马车顶部；M249 P.I.P.为后期型的 M249，采用固定塑料枪托和 PIP 改进系统，枪托内装有液压后坐缓冲装置；M249E4 机枪，装备于美军特种部队，机枪轻量化，并有 4 条 RIS 导轨，采用短枪管和可伸缩枪托。

实战表现
　　M249 在伊拉克战争中表现良好，但也存在弊端，其两脚架的强度较弱，当射手在后坐过后前倾时，两脚架的铰接点容易受损。

俄罗斯 DP／DPM轻机枪

1926年，苏联工兵中将瓦西里·捷格加廖夫设计出一种结构独特的轻机枪，于1927年设计定型并开始制造，1928年正式装备军队，是苏联在第二次世界大战中装备的主要轻机枪，军队称其为DP机枪，国际上一般称它为捷格加廖夫轻机枪。

DP 轻机枪的弹盘装设在枪身上方，弹容量47发。

结构特征

DP 轻机枪结构简单，整

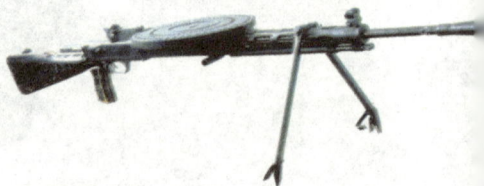

将弹盘卸下的 DP 轻机枪。

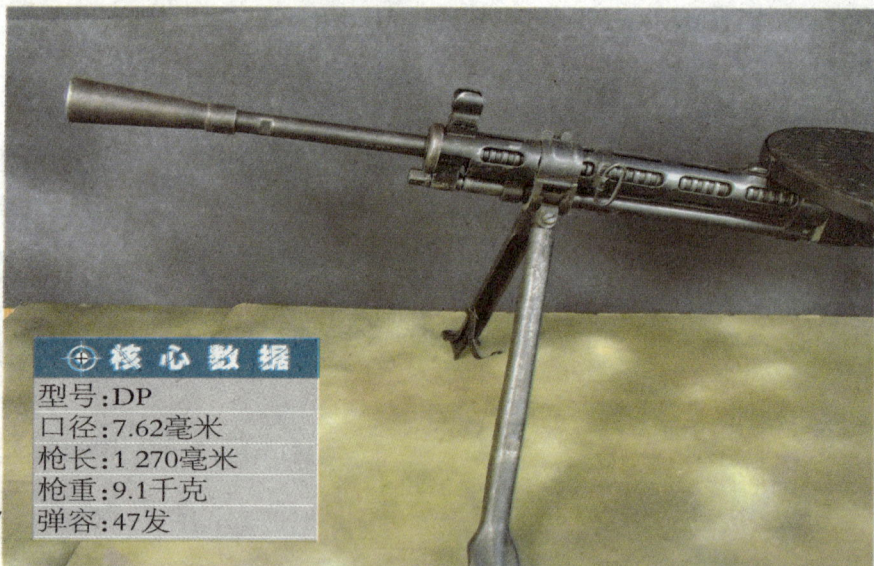

⊕ 核心数据

型号：DP
口径：7.62毫米
枪长：1 270毫米
枪重：9.1千克
弹容：47发

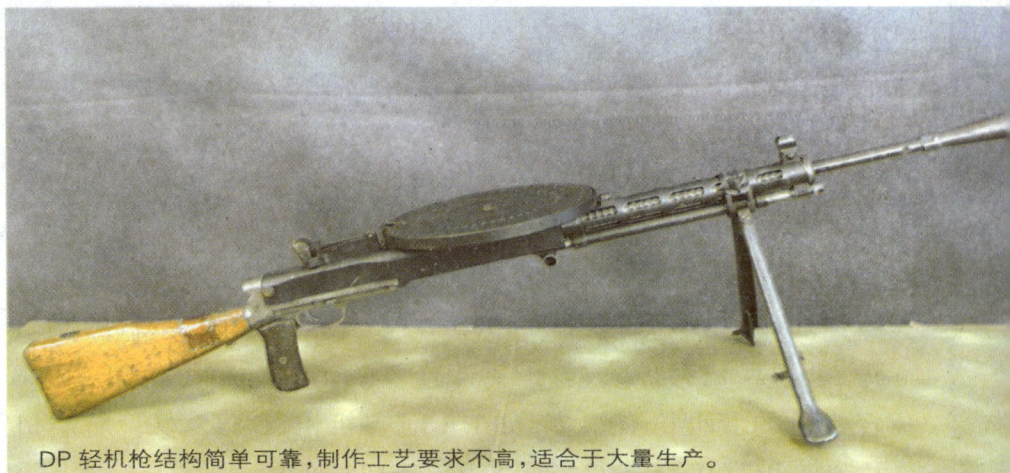

DP 轻机枪结构简单可靠，制作工艺要求不高，适合于大量生产。

个机枪仅有 65 个零件，其制造工艺简单，适合大批量生产，而且机枪的机构动作可靠。DP 轻机枪全长 1 270 毫米，枪管长 605 毫米，枪管内有 4 条右旋膛线，火线高 276 毫米，全枪重 9.1 千克。该枪采用前冲击发模式的导气式工作原理，其闭锁机构为中间零件型闭锁卡铁撑开式，工作时由枪机框复进将左右两块卡铁撑开，锁住枪机。机枪采用弹盘供弹的供弹方式，弹盘由上下两盘合拢构成，上盘靠弹簧使其回转，不断将子弹送至进弹口，其弹盘可容弹 47 发，平放在枪身的上方。DP 轻机枪的发射机构只能进行连发射击，而且还需经常性地进行手动保险。DP 轻机枪的枪管与机匣采用固定式连接，不能随时更换。其枪管下方有活塞筒，筒中有活

DP 机枪的枪身前下方装设两脚架，方便射手卧射。

DP 机枪的枪管细部结构。

塞和复进簧。
枪身的前下
方设有两脚
架,该枪瞄准
具由柱形准
星和 "V" 形

DP 轻机枪经过改进后,最终定名为 DPM 轻机枪。

缺口照门、弧形表尺组成。准星上下左右均能调整,且两侧有护翼,表尺也有护翼,该护翼兼作弹盘卡笋的拉手。DP-1928轻机枪的变型枪有很多,如 DA 航空机枪、DA-2 双管航空机枪、DT 坦克机枪、DTM 改进型坦克机枪等。

DPM 轻机枪

苏联士兵在使用 DP 轻机枪时,发现它在连续射击后枪管发热致使复进簧受热而改变性能,影响机枪的正常工作。

后来,经过进一步改进将复进簧放置在枪尾内,最终于1944 年重新设计定型,改称为 DPM轻机枪。

DPM 轻机枪

战场上的 DP 轻机枪曾发挥了巨大的火力支援作用。

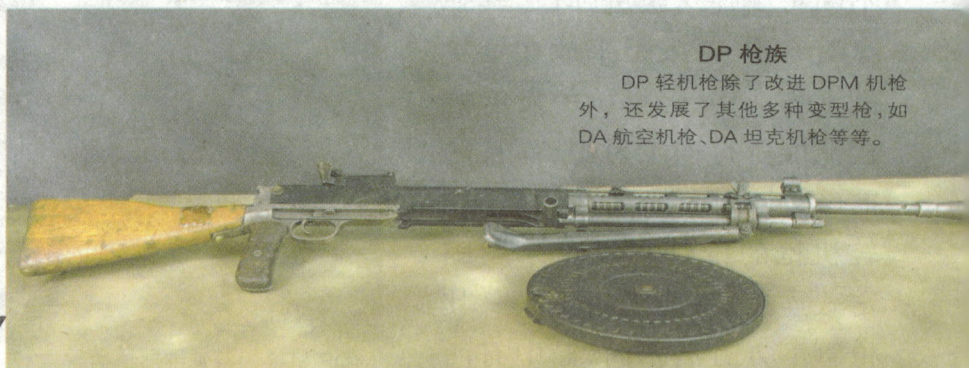

DP 枪族
DP 轻机枪除了改进 DPM 机枪外,还发展了其他多种变型枪,如DA 航空机枪、DA 坦克机枪等等。

弹盘供弹
DP 轻机枪采用弹盘供弹，其弹盘由上下两部分构成，上盘回转将枪弹送入进弹口。

除解决复进簧受热改变性能的问题外，还更换了更加坚固的两脚支架，并连接在枪身上，这样可以提高枪的摇摆中心，使士兵能够轻松地垂直提起机枪。因此，DPM 轻机枪在第二次世界大战时期颇受苏联士兵的欢迎。

然而，DPM 轻机枪的弹匣极容易被破坏，这促使苏联研发出一种名为 RP46 式 DPM 轻机枪弹带，当弹带移除后，仍可以改用弹盘。采用 RP46 弹带比采用弹盘时的射速更快，但质量较大。最终 DPM 轻机枪于 20 世纪 50 年代被新型的轻机枪所取代。

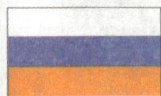

俄罗斯
RPK-74轻机枪

　　5.45 毫米是目前世界上军用轻机枪的最小口径。20 世纪 70 年代中期，卡拉什尼柯夫设计组成功研制了一种新型 5.45 毫米口径轻机枪，该机枪与 AK-74 式突击步枪同为一族。这种新型班用机枪采用木质固定枪托，称为 RPK-74 轻机枪。RPK-74 轻机枪于 1970 年装备军队，现在俄罗斯军队仍在使用，每个步兵班均有一挺 RPK-74 轻机枪。东欧大部分

RPK-74 轻机枪实际上是 AK-74 的变型枪。

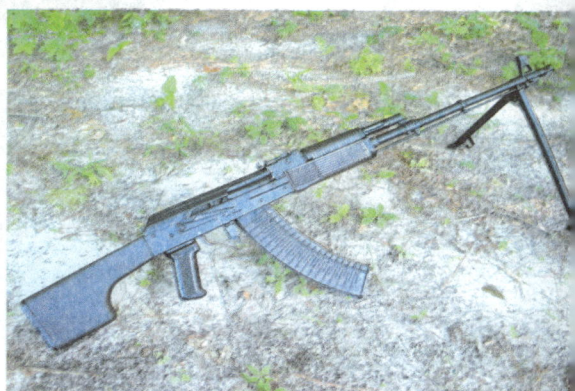

RPK-74 轻机枪的枪托可折叠，以便于携行装备。

RPK-74 采用弹容 45 发的长弹匣。

国家都曾仿制和装备这种机枪。

性能比较

　　相对于 AK-74 突击步枪，RPK-74 轻机枪的枪管更长、更重，其弹头初速高达 960 米 / 秒。另外 RPK-74 还有加强的机匣和可调风偏的照门及一个轻型的两脚架。除此之外，RPK-74 机枪的消焰器也不同于 AK-74 突击步枪，它的上面有 5 个柳叶状的

⊕ 核心数据

型号	RPK-74
口径	5.45 毫米
枪长	1 060 毫米
枪重	5.15 千克
弹容	45 发

27

孔,其形状类似于美国 M16 的消焰器。

结构特点

　　RPK–74 式 5.45 毫米轻机枪结构简单可靠、质量轻、口径小。该枪大部分结构同 AK–74 式突击步枪相同,采用导气式工作原理和枪机回转闭锁方式。RPK–74 机枪的弹匣采用容量为 45 发的长弹匣,但仍可与原来的 30 发弹匣通用。另外还设计了容弹量为 75 发的弹鼓,但采用这种弹鼓的唯一缺点就是发射 5 000 发子弹后,可能会造成枪的膛线严重烧蚀。该机枪前端设有带半保护罩的准星,后面有可调节高低、方向的缺口式照门。RPK–74 式 5.45 毫米轻机枪可发射苏联 5.45 毫米普通弹和曳光弹。

RPK–74 是迄今为止世界上最小口径的机枪,可进行自动或半自动射击。该枪与步枪的零件互换率极高。

俄罗斯 RPD轻机枪

为适应不断变化的新形势，捷格加廖夫于1943年研制出RPD轻机枪，该机枪于第二次世界大战结束后正式装备军队，以此代替DP轻机枪。RPD轻机枪有多种改进型，但改动都不大。RPD轻机枪结构简单紧凑，质量较小，使用和携带较为方便。

RPD轻机枪于第二次世界大战期间开始研制，二战后正式服役。

工作原理

RPD轻机枪采用导气式工作原理，其闭锁机构是在DP轻机枪的基础上改进而成的，属于中间零件型闭锁卡铁撑开式。这种闭锁机构是借助枪机框击铁的闭锁斜面撞开闭锁片实现闭锁。

RPD轻机枪结构简单、紧凑，质量较小，便于战时携带。

性能和结构特点

RPD轻机枪采用弹链供弹的方式，弹链装在弹链盒或弹鼓内，弹链盒挂在机枪的下方，弹鼓插到机匣下

如今，RPD轻机枪在非洲国家仍有装备。

⊕ 核 心 数 据

型号：RPD
口径：7.62毫米
枪长：1 037毫米
枪重：7.1千克
弹容：100发

RPD 机枪枪体的细部结构。

RPD 轻机枪的前部结构。

方的一个导槽里。其整装式弹链是金属的，链节由上面打开，每个链节均由金属弹簧连接。每条弹链可装弹 50 发，也可以通过交错装弹连接更多的弹链。安装弹链时，先打开受弹器的盖子，装好后关闭，这样便可将弹链固定在枪机上方。RPD 轻机枪的供弹机构由杠杆、拨弹滑板、拨弹机、阻弹板、脱弹片、定弹器、受弹器座等组成。RPD 轻机枪供弹平稳，但供弹机构的零件较多，结构复杂。

　　RPD 轻机枪的击发机构为平移击锤式。当机框复进到位时，由击铁撞击击针触发底火完成射击。该机枪的发射机构只能进行连发射击。RPD 轻机枪的瞄准装置由圆柱形准星和弧形表尺组成，准星可上下、左右调整，两侧带有护翼，表尺为"U"形缺口照门，表尺板上刻有 10 个刻度，每向前一个刻度代表增加 100 米射程，同时设有横表尺和移动螺杆用以调整方向和照门。

装设供弹机构的 RPD 轻机枪。

上为 RPK 轻机枪,下为 RPD 轻机枪。

　　RPD 轻机枪发射 M-43 式中间型枪弹, 其枪口初速 735 米 / 秒,有效射程为 800 米,最大射程为 2 000 米,战斗射速达 150 发 / 分。该枪的枪管是固定的,经过长时间连发射击后,会由于枪管过热而产生"自爆"。RPD 轻机枪上有三个气

RPD 机枪曾有多种改进型，但改动都较为微小。

RPD 轻机枪的供弹机构与配设的枪弹

体调节器，可根据武器使用情况调节气体压力。

RPD 在中国

在 RPD 轻机枪大量生产并成为苏联国家军队的制式机枪的同时，中国也开始引进并仿制生产该机枪，1956 年定型，称其为 56 式轻机枪。中国部队曾大量装备 56 式轻机枪，该机枪还参加过中印边境战争，其战斗表现优于印度军队使用的布伦机枪。1962 年 ~1963 年经改进后定型为 56-1 式，成为中国迄今为止装备时间最长、数量最多的一种轻机枪。

德国
MG13式轻机枪

MG13 轻机枪的枪体结构。

MG13 式轻机枪是由西蒙和祖尔公司在水冷式德莱赛 M1918 式轻机枪的基础上改进而成的，改进后的机枪为气冷式，其外形和供弹系统发生了较大的变化，遂命名为 MG13 式机枪。该机枪的主要用

MG13 轻机枪的研制用以杀伤有生目标。

MG13 机枪的弹药箱。

MG13 机枪
MG13 轻机枪是在 M1918 轻机枪的基础上改进而成的，直到 1935 年它仍是德军装备的重要武器。

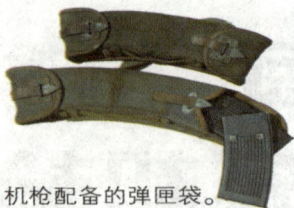

MG13 机枪配备的弹匣袋。

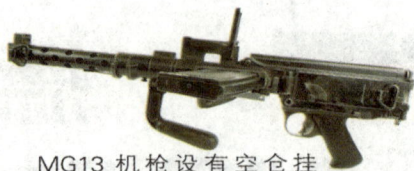

MG13 机枪设有空仓挂机,可迅速更换枪管。

途是杀伤敌方有生目标或为己方提供火力支援。

结构特点

MG13 式轻机枪采用枪管短后坐式工作原理和双臂杆式闭锁机构。枪机的加速机构为杠杆凸轮式,加速凸轮的回转轴在机匣上,而闭锁机构中双臂杆的回转轴位于枪管节套上。MG13 式轻机枪采用机械瞄准具,并配有弧形表尺、折叠式片状准星和"U"形缺口式照门。其供弹具采用容弹量为 25 发的弧形弹匣,也可采用容弹量为 75 发的鞍形弹鼓。该枪发射德国毛瑟 98 式 7.92 毫米枪弹,弹壳为无底缘瓶颈式,可进行单、连发射击,并设有空仓挂机,当最后一发子弹射出后,枪机便停留在弹仓后方。MG13 式轻机枪的气冷式枪管的更换速度很快。

当新型 MG 式机枪出现后,MG13 式轻机枪被德国出售给西班牙和葡萄牙。西班牙保留了该枪原有的名称,而葡萄牙则将其称为德莱赛M1918 式 7.92毫米轻机枪。

局部结构
MG13 轻枪采用气冷式枪管设计,枪管前部为折叠式片状准星。

德国
HK MG4轻机枪

MG4 轻机枪原名为 MG43，在正式装备德国军队后改称为 MG4，以取代 MG3 轻机枪。该机枪的设计主旨是打造一款轻型、左右手皆可操作的轻机枪。MG4 轻机枪可通过导轨加装各种战术配件，配备三脚架后可提高射击精度。此外，MG4 轻机枪也是德国未来士兵系统的一部份。目前，MG4 有三种型号：标准型 MG4、出口型 MG4E 和短枪管出口型 MG4KE。

MG4 轻机枪有多种衍生型号。

结构特征

MG4 轻机枪与 FN 米尼米或 M249 相似，采用导气回转式

⊕ 核 心 数 据

型号：MG4
口径：5.56毫米
枪长：1 030毫米
枪重：7.9千克
弹容：100发

德国军队已将 MG4 轻机枪作为未来步兵系统的重要组成部分。

枪机，枪托亦可折叠，但弹壳在机匣底部排出。MG4 轻机枪的导气装置位于枪管下方，枪管可以快速拆卸和更换。MG4 轻机枪的供弹方式为弹链供弹，弹链可装在塑料弹箱中随枪携带，弹链从左向右送入机匣，而空弹壳则通过机匣底部的抛壳口抛出。

MG4 轻机枪只能进行全自动射击，发射 5.56×45 毫米子弹。该机枪的枪机很像 FG42 机枪，采用两个对称的闭锁突笋，但没有 FG42 机枪的枪机预转动作。开闭锁凸轮是类似 M16 那样分离的圆柱形，凸轮槽是二次曲面，这样可以弥补缺少的枪机预转动作。

MG4 轻机枪配有可折叠的两脚架，并且枪身上有标准的 M2 式轻型三脚架和车载

MG4 轻机枪的准星在枪管上部，不用时可向下折叠。

MG4 轻机枪配有可折叠的两脚架，使射手卧射时舒适便捷。

射架接口。其塑料枪托可向左折叠，折叠后不影响机枪的操作。MG4 轻机枪的机匣顶部有皮卡汀尼导轨，机械瞄准具的照门座就安装在导轨上，但一般不需要拆卸。表尺射程可达1 000 米，准星位于枪管上，不用时可向下折叠。可折叠的拉机柄位于机匣右侧，保险杆位于握把上方，左右手均可操作。

德国
HK23/HK13轻机枪

HK23轻机枪

　　HK23 轻机枪是 HK21A1 机枪的小口径型号。当时,美国军方正在寻求一种新的 5.56 毫米口径班用轻机枪,HK 公司作为其中一个竞标者, 展示的是在一分钟内不需要专业工具便可将 7.62 毫米口径变换为 5.56 毫米口径的 HK21A1 轻机枪。虽然最终惜败于 FN 公司的 M249 轻机枪,但 HK 公司对 5.56 毫米口径的 HK21A1 进行了的改进,并命名为 HK23E。

　　HK23 轻机枪采用弹链供弹,100 发的弹链可以放置在一

⊕ 核心数据
型号:HK23
口径:5.56毫米
枪长:1 030毫米
枪重:8.7千克
弹容:100发

德国 HK23 轻机枪的细部结构。

个长方形弹箱内并挂在枪身下,也可以通过安装弹匣适配器使用步枪弹匣。HK23 轻机枪与 HK21 一样,也有一种使用弹匣供弹的变型枪——HK13 轻机枪。

HK13轻机枪

　　HK13 式轻机枪是一种配用 5.56 毫米枪弹的轻机枪,该枪基本上和 HK33 式步枪相同,两者的动作原理完全相同,外部尺寸也差不多。但 HK 13 式作为轻机枪,采用了较重的

快速更换枪管。

HK13 轻机枪采用半自由枪机式工作原理和滚柱式闭锁方式，可单、连发射击。其枪口初速为950 米 / 秒，理论射速为750 发 / 分，有效射程400米。HK13 轻机枪采用片状准星和觇孔式照门，其瞄准基线为541 毫米。该机枪现主要装备于东南亚国家。

5.56 毫米 HK23 轻机枪局部特写。

架设两脚架的 HK13 轻机枪。

Mk46 MOD0 轻机枪的后视图。

比利时 Mk46 MOD0轻机枪

　　Mk46 MOD0 轻机枪是 5.56 毫米 M249 班组自动武器中的一员，2001 年经过改进后的 M24 SPW 被正式更名为 Mk46 MOD0。Mk 即 Mark，由于此枪是海军定型的，因此名称以 Mk 开头；MOD0 即 0 型的意思。它是美国常规陆军和海军陆战队的常规装备。另外，该机枪也装备美国特种部队。

多项改进

　　Mk46 MOD0 轻机枪使用一种新式轻型枪管，使整体重量随之减轻，并且还去掉了提把组件、弹匣槽和车载时所需的突笋。与原来的 SPW 相比，Mk46 MOD0 轻机枪在外观上最明显的改进之处是枪管上方的隔热罩顶部也有一段 MIL-STD1913 导轨。安装有激光指示器和闪光灯，还有一个

核心数据

型号：Mk46 MOD0
口径：5.56毫米
枪长：908毫米
枪重：5.75千克
弹容：100/200发

导轨设计 ↑
Mk46 MOD0 轻机枪的隔热罩上部
设有一段导轨装置。

供弹具 ●
Mk46 MOD0 轻机枪采用的供弹具
为弹箱，也可使用弹链供弹。

朝前的手枪式握把和一个可拆卸的枪架。此外，该枪还把伞兵型枪托换成固定塑料枪托，这种枪托能在戴防毒面具时实施瞄准射击，不过使用者也可以改用伞兵型枪托。Mk46 MOD0 轻机枪的枪管上有散热槽，既可延长枪管寿命，也可减轻重量，枪管还可以进行快速更换。一般情况下，一名特种

采用两脚架支撑的 Mk46 MOD0 轻机枪。

部队成员可携带 600 发枪弹,如果不更换枪管,发射完这些枪弹大约需要两分钟。

除枪机和枪机框外,Mk46 MOD0 轻机枪的大多数内部零件与 M249 完全相同。Mk46 MOD0 型机枪的枪机和枪机框表面进行了化学镀镍处理,在不涂润滑油的情况下可以连续发射 1 000 发子弹。

Mk46 MOD0 轻机枪将原来 M249 的提把取消,背带的后连接点前移。此外,枪口消焰器换上了 SOPMOD M4 的 QD 消焰器,使 Mk46 MOD0 轻机枪也同样可以使用 KAC 的湿式消声器。该枪还将原来的气体调节系统改为一个"整块"式的导气系统,这就使得射手在拆卸时简捷、方便,不会丢失零件,只需要从外部擦拭即可,无须分解。

装备弹袋的 Mk46 轻机枪。

Mk46 MOD0 机枪的内部零件大多与 M249 相同。

英国
布伦式轻机枪

核心数据

型号:布伦式轻机枪
口径:7.6毫米
枪长:1 156毫米
枪重:10.4千克
弹容:30/100发

布伦式轻机枪曾是英国军队装备的重要组成部分。

布伦式轻机枪采用独特的弧形弹匣,可容纳30发枪弹。

布伦轻机枪与ZB-26的明显区别是,其枪管上方取消了散热片装置。

布伦式轻机枪后视图。

布伦式轻机枪又称布朗式轻机枪,该枪具有良好的适应能力,能够提供强大的支援火力,在第二次世界大战中被英联邦国家军队广泛使用。布伦式轻机枪历经战争洗礼,被证明是最好的轻机枪之一。

装备军队

布伦式轻机枪于1935年被正式列装为英国制式装备,由恩菲尔德兵工厂制造,1938年投产,命名为"MKI 7.7毫米布伦式轻机枪","布伦"源于捷克斯洛伐克生产商布尔诺公司(Brno)和英国生产商恩菲尔德兵工厂(Enfield)的前两个字母

组成。布伦式轻机枪在第二次世界大战中大量装备英联邦国家军队。因其性能相当出色，二战结束后众多英联邦国家军队继续装备布伦式轻机枪。1953 年，由于北约欧洲各国要求统一步枪制式口径，英国将布伦式轻机枪重新设计改进成 L4 系列轻机枪，以适应北约制式 7.62 × 51 毫米 NATO 无底缘步枪弹。

枪机结构

布伦式轻机枪是由 ZB26 轻机枪改进而成。它同 ZB26 轻机枪一样采用导气式工作原理，枪机偏转式闭锁方式，即枪机尾端上抬卡入机匣的闭锁槽实现闭锁。与 ZB26 最明显的区别是，该枪缩短了枪管与导气管，取消了枪管散热片。枪

布伦式轻机枪的枪体细部结构。

管口装有喇叭状消焰器。枪管口径改为英制 7.7 毫米，发射英国军队的 7.7 × 56 毫米 R 标准步枪弹。弹匣容量为 30 发，弹匣位于机匣的上方，从下方抛壳，

布伦式轻机枪
布伦式轻机枪因其合理的结构和可靠的性能在二战中闻名。

布伦式机枪采用木质枪托和握把。

布伦式机枪曾在战场上发挥了巨大的作用。

为弧形弹匣,这主要是为了适应英国军队使用的有底缘步枪弹的要求。因为弹匣在机匣正上方,所以该枪带护翼的准星和觇孔式照门都偏出枪身在左侧安装。布伦式轻机枪采用可折叠拉机柄,在行军状态时将拉机柄折回,这样可以避免行进中被扯挂。布伦式轻机枪使用提把与枪管固定栓,可以快速更换枪管。采用两脚架,也可以架在三脚架上以提高射击稳定性。在导气管前端有气体调节器,共4挡调节,每一挡对应不同直径的通气孔,可调整枪弹发射时进入导气装置的火药气体量。供弹口、抛壳口、拉机柄等机匣开口处均装有防尘

由于布伦式机枪的外形易于仿制,因此其外形有多种版本。

盖。布伦式轻机枪采用导气式自动方式,并且有 MKI、MKII、MKIII 等改进型号。保险、快慢机在扳机左上方,向前是自动射击,中间是保险,向后是单发射击。

机枪装备

布伦式机枪性能出色,二战结束后西方许多国家军队继续装备布伦式轻机枪。

英国
刘易斯式轻机枪

　　刘易斯式轻机枪最初由塞缪尔·麦肯林设计,后来美国陆军上校刘易斯完成了研发工作。刘易斯向美国军方推销这种设计新颖的机枪,但美军对此毫无兴趣。1913年,刘易斯在比利时开创了一家兵器公司。随着第一次世界大战的爆发,刘易斯带着他的设计和部分设备来到英国。他在英国伯明翰轻武器公司的工厂里开始生产刘易斯式轻机枪。1915年,英国军队将刘易斯式轻机枪列为制式装备,它是世界上第一支真正意义上的便携式轻机枪。

英国刘易斯式轻机枪。

⊕ 核 心 数 据

型号:	刘易斯式轻机枪
枪长:	1 283毫米
枪重:	11.8千克
弹容:	47/97发
初速:	745米/秒

弹鼓
刘易斯式轻机枪采用特殊的圆盘式弹鼓供弹。

航空机枪始祖

　　刘易斯式轻机枪是最早的航空机枪之一,它是多乘员飞机上观察员、机枪手的标准武器。在将机枪安装在飞机上时,为方便射手在飞机上射击目标,将原来的步枪式枪托改成了铁铲柄式把手。在装弹时,射手必须站起来将机翼上的机枪拉到面前,换下空弹鼓,这期间射手的双腿必须牢牢夹紧防护栏。如 SE-5A 型战斗机上就安装有刘易斯式轻机枪。除了 SE-5A 外,20 世纪 20 年代还有许多英国战斗机都安装有刘易斯式轻机枪。

陆军"利刃"

　　刘易斯式轻机枪在英国皇家陆军中有着重要的地位,在第一次世界大战结束后仍使用了很多年。除英国外,还有许多国家在一战期间装备了刘易斯式轻机枪,如澳大利亚、法国、挪威、俄国、加拿大、德国。在西线战场的德军非常欣赏他们缴获的刘易斯式轻机枪,觉得该机

供弹具
刘易斯式轻机枪的弹药
箱和供弹弹鼓。

适应性
轻巧便捷的刘易斯式轻机枪机动
性强,能够适应多种环境的作战。

枪胜过了德国的 MG08/15 轻机枪。德国还为刘易斯式轻机枪
编印了详细的使用手册。

再创辉煌

1938 年,英国军队用布伦式轻机枪换装了刘易斯式轻机
枪。但敦刻尔克大撤退后,英国面临的局势十分严峻,所有可

刘易斯式轻机枪供弹机构特写。

以使用的武器都被投入战斗,数量众多的刘易斯式轻机枪再度"上阵杀敌"。它们主要作为防空武器安装在卡车、火车上,或者作为固定火力点。随着加拿大大量生产布伦式轻机枪,英国的布伦式轻机枪产量也逐步提高,这使得刘易斯式轻机枪再度退居二线,成为英国地方志愿军的装备,并作为防空机枪开始装备武装商船。在当时的许多报纸中,都可以找到有关英军击落德军轰炸机或战斗机的报道,在很多照片上的英国机枪手背后都有一挺刘易斯式轻机枪。

刘易斯式轻机枪设计新颖、质量轻、体积小、很方便携带。

刘易斯式枪托的铁铲柄式的把手,是其作为航空机枪的主要特征之一。

虽然刘易斯式轻机枪不再是第二次世界大战中的主角,但其充满荣誉和骄傲的"一生"却永远印在了人们的记忆之中。

奥地利 施泰尔 AUG-HBAR轻机枪

施泰尔 AUG-HBAR 轻机枪在 1978 年首次亮相,20 世纪 80 年代初列装奥地利陆军。HBAR 是"重型枪管自动步枪"的缩写,实际上该枪是用来充当轻机枪使用的,因此 AUG-HBAR 有时也被称为 AUG-LMG(轻机枪)。

核心数据	
型号	AUG-HBAR
口径	5.56毫米
枪长	900毫米
枪重	4.9千克
弹容	30/42发

AUG 的研制历史

施泰尔 AUG 的研制工作是由奥地利施泰尔 – 丹姆勒 – 普赫公司的子公司施泰尔 – 曼利彻尔有限公司负责,主设计师有三个人——霍斯特·韦斯珀、卡尔·韦格纳和卡尔·摩斯。AUG 枪的性能可靠,而且在射击精度、目标捕获和全自动射

南非 AUG-HBAR 轻机枪于 20 世纪 80 年代初列装于奥地利军队。

51

击的控制方面表现优秀。这种新步枪经过技术试验和部队试验后，于 1977 年，正式被奥地利陆军采用，并将其命名为1977 型突击步枪。1978 年开始批量生产。此后 AUG 便声名远扬，除奥地利外，许多国家 的 军 队 都 采 用 该 枪 。AUG–HBAR 为该系列中的一种，充当轻机枪的角色。

结构特点

AUG–HBAR 轻机枪采用无托结构，全枪长度很短，大量采用塑料件，加工工艺性好，枪族内零部件互换性高，便于生产和维修，该枪采用光学瞄准具，瞄准精度较高。全枪为无托式布局，自动机、扳机组件位于枪托内，从而使得全枪长度大为缩短。

安装两脚架可以有效地提高AUG–HBAR 轻机枪的射击精度。

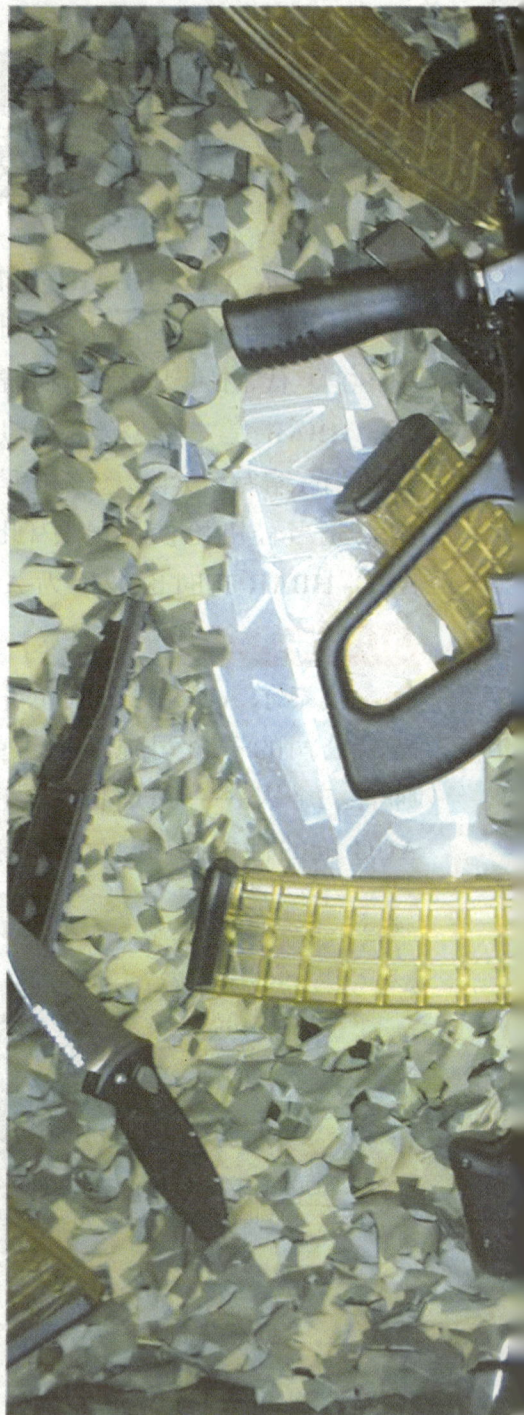

AUG—HBAR 轻机枪的各种迷彩枪型。

AUG—HBAR 轻机枪通常配用的弹匣容量为 42 发,这样可以使该枪保持时间较长的持续火力,除此之外,一般情况下,AUG—HBAR 轻机枪采用开膛待击的发射机构,以加强散热。当然,作为模块化的 AUG 枪族之一,AUG—HBAR 也可以使用标准的 30 发 AUG 弹匣和换上闭膛待击的击发装置。另外充当轻机枪的 HBAR 型的枪托中也可以换上闭膛待击的发射机构。

AUG—HBAR 轻机枪的枪管是冷锻成形,弹膛镀铬,机匣为铝制,压铸成形。枪机上有 7 个闭锁突笋,枪机框上有两根导杆,既引导机框运动,又兼作复进簧导杆。该枪的枪托、小握把和击锤等都由塑料制成,耐腐蚀,手感好。枪口装置具有消焰、制退作用。

丹麦 麦德森 M50式轻机枪

核心数据

型号：M50
口径：7.62毫米
初速：853米/秒
供弹方式：弹匣

麦德森 M50 式轻机枪是由丹麦工业集团研制的，主要用途为杀伤中、远距离的集结有生目标。麦德森 M50 式轻机枪是在麦德森 1902 式轻机枪的基础上改进而成的。不过由于其理论射速低、火力强度较差，不能满足现代战争的需求，因此大多已从军队中撤装。该枪现已停产。

麦德森 M50 轻机枪。

M50 轻机枪大量采用冲压件，成本低廉。

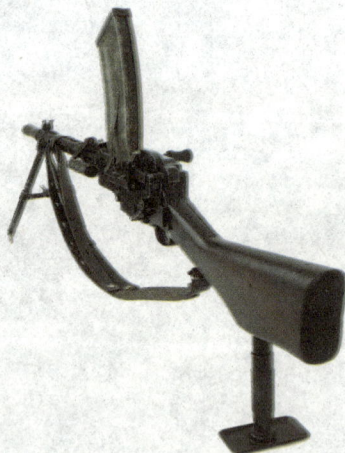

结构特点

麦德森 M50 式轻机枪结构简单，动作可靠，有多种口径的变型枪，可发射多种枪弹。该枪采用枪管后坐式工作原理，枪机摆动式闭锁机构和拨壳式退壳机构。当枪管后坐时，拨壳挺下端与机匣退壳面相接，产生回转，弹壳从上端膛内拨出，并从下方滑出枪外。机匣导板上的曲线槽控制枪机上、下摆动，完成开、闭锁动作。机匣右上方装有弧形弹匣，射击时枪管后坐，使受弹器旋转，将枪弹左移到进弹口，再由推弹杆推入弹膛。枪管和枪机在运动中始终保持连接，但运动方向不同。

麦德森 M50 式轻机枪采用机械瞄准具。瞄准具由准星和照门组成。该枪使用美国 M2 式 7.62 毫米枪弹，子弹初速为 853 米/秒。该枪的理论射速为 400 发/分，可单发或连发射击，供弹方式为弹匣供弹。

架设三脚架的 M50 轻机枪。

M50 轻机枪采用弧形弹匣供弹，弹匣容弹量为 32 发。

M50 轻机枪的供弹方式较为特殊，弹匣安装在机匣的上方。

中国 95式轻机枪

中国95式5.8毫米轻机枪是95式班用枪族中的轻机枪，它与95式自动步枪构成班用枪族，现已陆续装备部队。

结构设计

枪族内自动机组件完全通用，步枪与轻机枪之间通用部件比例占得很大。95式轻机枪采用无托式结构；导气式自动方式，机头回转闭锁，可单、连发射击，供弹具有30发塑料弹匣和75发快装弹鼓两种，并配有降低噪音、火焰的膛口装置。

95式轻机枪的下机匣采用了铝合金槽式结构，优化设计时分析了枪机自动机运动平稳、附加惯性力矩，在射击中机匣所承受负荷也大幅度降低。一般槽式下机匣尾部有一堵固定"钢

95式轻机枪采用无托式结构。

安装了光学瞄准镜的95式轻机枪。

墙",是自动机到位撞击体和上下机匣的连接体，也可作为缓冲装置的支撑体。该枪自动机拆装时，必须在"钢墙"前垂直移动，再平行脱离或进入机匣导轨。但95式轻机枪采用尾部开通式，用一个活动销子与上机匣连接，上机匣尾部固定一个杠杆式自动缓冲器，自动机从导轨中直接平直抽出。枪管内膛精锻成形，并进行镀铬处理。枪管节套为合金钢材料。钢件经过化学复合成膜黑磷化处理，铝合金零件采用硬质阳极氧化处理，上、下护手及上机匣等部件采用工程塑料。

⊕ 核 心 数 据

型号:95式
口径:5.8毫米
枪长:840毫米
枪重:3.95千克
弹容:30/42/75发

95式轻机枪结构紧凑，外形流畅美观。

57

供弹系统
95 式轻机枪可以采用弹匣供弹,也可以采用大容量的弹鼓供弹。

瞄准装置

中国 95 式轻机枪的机械瞄准装置照门为觇孔式,光学瞄准具采用国产微光管或白光反射式瞄准镜,也可加装 03 式红点瞄准具,可实现快速瞄准。

配用弹种

该枪空枪全重 3.95 千克,全长 840 毫米,有效射程为 600 米,75 发弹鼓供弹。使用 87 式 5.8 毫米普通弹,这种枪弹在 300 米距离内能够穿透 10 毫米厚的 A3 钢板;在 600 米距离内,弹头能够穿透 14 厘米厚的松木板。5.8 毫米普通弹同北约 5.56 毫米 SS1109 弹相比,弹头重,枪口动能大,外弹道直射距离也比较远,班用机枪射击距离可以达到 680 米。

名枪风范

大量的技术数据和实弹结果表明,中国 95 式 5.8 毫米班用轻机枪已具备了世界名枪所共有的标准,即射击精度高、尺寸短、重量轻、动作可靠、使用寿命长、瞄准具功能齐全、威力大、后坐力小、整体结构紧凑、布局合理、外形流畅、美观大方、握持舒适、人机工效好等。

95 式轻机枪集世界名枪的优点于一身,是一款性能优越的轻机枪。

重机枪

  1883 年，美国工程师马克沁发明了世界上第一挺重机枪。随着战争的不断升级，越来越多性能优越的重机枪投入到战斗之中，但由于现代战争对武器机动性的要求越来越高，至 20 世纪 60 年代初期，7.62 毫米口径重机枪逐渐被通用机枪所取代。

美国
XM-214型重机枪

　　XM-214 型重机枪是一种小口径转管机枪，该枪采用六根 5.56 毫米枪管，其最高射速可达到 6 000 发 / 分，但实际使用中只在 400 发 ~ 4 000 发 / 分之间供射手选择。XM-214 型重机枪可配用 M122 三角架作为地面机枪，也可装到车载或船载射架上，此种组合称为 6-PAK。

⊕ 核 心 数 据
型号：XM-214
口径：5.56毫米
枪长：686毫米
枪重：12.25千克
弹容：500发

配备了车轮的 XM-214 重机枪大大地提高了它在战场上的机动性。

XM-214 的结构与 M134 十分相似，不过 XM-214 在 M134 的基础上进行了一些改进：分解过程简化，不用工具即可取出枪机；增加了保险手柄,此手柄可兼作输弹口盖卡柄,当置于"保险"位置时,枪无法射击；

XM-214 重机枪对于步兵来说,其结构过于复杂,且过于笨重。

供弹机上增加了离合器装置,一旦松开电击发按钮,离合器立即使供弹机齿轮停止转动；另外该枪还增加了抛壳链轮。

XM-214 在 6-PAK 系统上，采用镍－镉电池作为电源，每次充电后可发射 3 000 发枪弹。每组 6-PAK 系统的弹箱轨座上固定有两个弹箱。弹箱容弹量为 500 发,当第一个弹箱的枪弹打完之后,枪上有自动预告装置,以便射手及时使用第二个弹箱供弹。

缺陷尚存

XM-214 型重机枪的枪身极重,结构十分复杂,不适合步兵使用，并且它的最高射速对于步兵机枪来说也没多大用处。该枪的后坐力很大,在全速射击时后坐力可达到 110 千克,所以 XM-214 和 6-PAK 一直没有批量生产和装备部队。

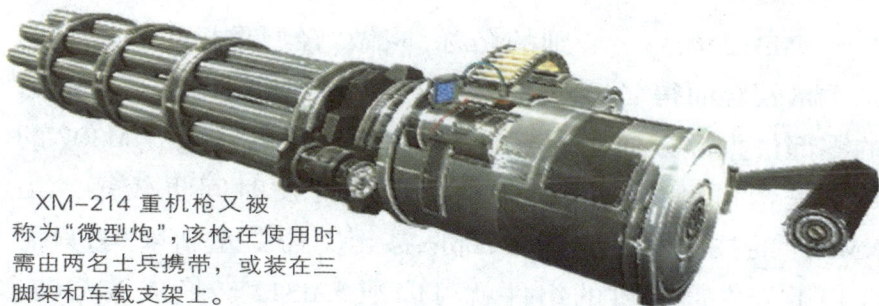

XM-214 重机枪又被称为"微型炮",该枪在使用时需由两名士兵携带，或装在三脚架和车载支架上。

美国
XM312重机枪

XM312 重机枪是 XM307 的承包商以 XM307 为基础,通过更换枪管和其他几个部件研制的一种新的 12.7 毫米口径机枪。XM312 主要用于取代在美军服役已久的勃朗宁 M2 重机枪,因此 XM312 的设计主要针对 M2 的缺点而作改进。

开发优势

XM312 有一个特别的名称,叫做"轻型重机枪",这是因其重量较轻而得名。XM312 的开发成本较低,因其与 XM307 的零部件大部分通用, 只有 5 个不同部件, 只是 XM307 的 12.7 毫米口径型。因此该枪所用的开发时间也较短。当 XM307 的技术发展成熟时,部队甚至不需要重新采购,只需要换上开发商提供的组件就可以把 XM312 转换成 XM307,

此外当部队同时使用 XM307 和 XM312 时，在后勤维护方面能够得到最大限度的简化，便于野战维护。

结构特点

XM312 型重机枪采用导气式自动原理，开膛待击。承包商称该枪的散布精度比采用枪管短后坐原理的 M2HB 提高了 9 倍。XM312 型重机枪的后坐力更低，该枪所采用的新技术和新材料使得枪体重量也比 M2HB 轻 66%，长度缩短 18%。该枪采用先进的火控系统，

XM312 重机枪可以执行对空射击任务。

XM312 的重量很轻，所以人们又称其为"轻型重机枪"。

战时装备

根据不同战场的需要，XM312 重机枪可迅速改装为榴弹发射器。

从指向目标到瞄准射击所需的时间比 M2HB 减少一半,不过其火控系统比 XM307 简单, 不需要编程引信的设定装置。XM312 型重机枪的射速也比较低,因此并不适合对付快速移动的目标,如直升机等。所以 XM312 主要是用于对付地面目标。XM312 采用与 M2HB 相同的可散金属弹链,装填方向左右均可。

XM312 重机枪的开发成本较低,所以很适合批量生产。

XM312 重机枪射速比较低,不适于攻击空中目标。

XM312 型重机枪发射 12.7 毫米勃朗宁枪弹,全枪重量为 13.6 千克,战斗射速为 40 发／分,三角架重 5.9 千克。虽然研制 XM312 的目的是让步兵能够下车战斗时使用,但该枪仍然是太重太大,不便于携带。

美国 米尼岗 M134式7.62毫米机枪

米尼岗 M134 机枪是美国在越南战争期间研制的六管航空机枪。该枪主要装备于直升机，同时也可作为步兵的车载武器。米尼岗 M134 机枪由美国通用电气公司设计生产，它以射频高、威力大等优点很快被用于实战。

米尼岗 M134 机枪灵活机动，火力威猛，它

M134 式重机枪机动性好，可以单兵携带。

不仅用于直升机的火力压制和火力掩护，还可用于轻型步兵战车、水面舰艇等作战平台。该枪于 20 世纪 60 年代初开始研制，并从机载 M61A1 "火神"六管 20 毫米高射机炮上发展而来，该系列机枪口径从 5.56 毫米到 25 毫米不等。后来美国空军设计单位进行重新改进设计，最终研制出六管 GAU-2 型 7.62 毫米航空机枪，以用于美国空军的轻型飞机和直升机上，它具有惊人的威力以及极高的射速。

M134 的机匣为整体铸件，内表面为曲线槽。机匣内部可容纳一个前端装有六根枪管的旋转体，并有六个分别与枪管相对应枪机。枪机由机头、机体、击针等组成，采用机头回转闭锁方式。枪机两侧的凹槽分别与旋转体上的导轨扣合，旋转体转动时，曲线槽迫使枪机在旋转体上的导槽内作

⊕ 核 心 数 据

型号：米尼岗M134
口径：7.62毫米
枪长：801.6毫米
枪重：15.9千克
射程：1 000米

往复运动，最终完成装填、击发、抽壳等动作。

优缺共存

　　美中不足的是，米尼岗 M134 机枪的耐用性较差，且供弹不畅。正因如此，枪体在使用和维修保养等方面都面临较大的难题。有人曾针对米尼岗 M134 的这一问题进行了深入分析，并对该枪的拨弹轮及输弹带等机构作了优化设计改进，从而使改进后的米尼岗 M134 及其系列机枪的综合性能得到了极大的提高，尤其是在无须任何特殊养护的情况下全枪寿命也有了较大提高。可以说，米尼岗 M134 系列机枪在不断的改进中已焕发出蓬勃的生机。

美国马克沁重机枪

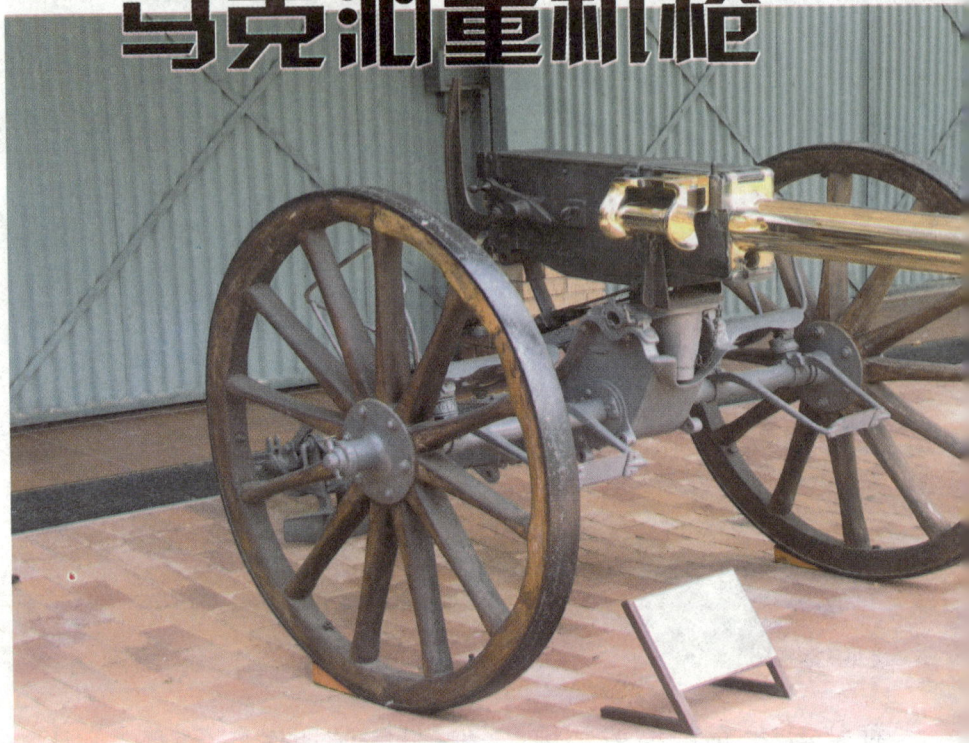

独具特色

　　马克沁重机枪是由美国工程师马克沁发明的,他从人们生活中常见的后坐现象着手,为武器的自动连续射击找到了理想的动力。1883年世界上第一支自动步枪研制成功。后来,马克沁根据从步枪上得来的经验,进一步发展并完善了枪管短后坐自动射击原理。马克沁最终于1884年制造出世界上第一支能够自动连续射击的机枪,其射速高达每分钟600发以上。

　　马克沁重机枪与其他机枪不同的是,它只有一根枪管,而且不依靠任何外力推动，利用枪械发射时火药气体产生后坐力原理，通过特殊的曲肘式闭锁机构以及枪管短后坐自动方式，使机枪开锁、退弹壳、传送子弹、重新闭锁等一系列动作顺利完成。同时,枪体采用水冷方式,为因连续高速射击而发热的枪管降温,以实现单管枪的

马克沁和他发明的马克沁机枪。

自动连续射击,可以说这一设计堪称现代机枪设计的首创。马克沁重机枪可单发,也可点射,且射速极高,可达到扣动扳机,子弹喷涌的战术效果。除此之外,马克沁重机枪一改传统的供弹方式,制作了一条长达 6 米的帆布弹链,以支持机枪连续供弹。

初战告捷

马克沁重机枪首次应用于实战是在 1893 年 ~ 1894 年的非洲罗得西亚英国军队与当地麦塔比利人的战争中。在这次战斗中,英国一支 50 余人的部队仅凭 4 挺马克沁重机

水冷式枪管降温
马克沁重机枪采用水冷方式冷却枪管,这样机枪上就要安装笨重的注水套筒,增加了机枪的重量。

枪就击退了 5 000 多麦塔比利人的几十次冲锋。

马克沁重机枪取得成功后,许多国家纷纷仿制,一些枪械设计师针对马克沁重机枪的原理和结构对其进行了改进和发展。1892 年,美国著名枪械设计师勃朗宁和奥在利陆军尉冯·奥德科莱克几乎

马克沁重机枪装备在车轮上,以方便步兵战斗时对它进行转移,增强了该枪在战斗时的机动性。

同时发明了最早利用火药燃气能量的导气式自动原理的机枪,这种自动原理至今仍被大多数枪械设计所采用。

马克沁重机枪自 1873 年问世以来,就显示出优良的性能和巨大的实战功效,该枪问世后的第一仗就

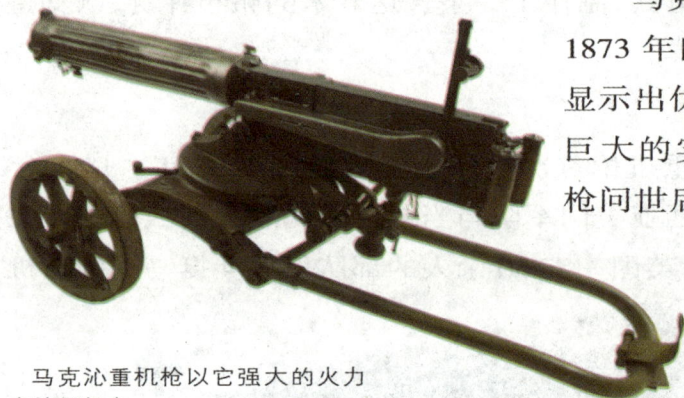

马克沁重机枪以它强大的火力在战场扬名。

核心数据

型号:马克沁重机枪
口径:11.43毫米
枪长:1 070毫米
枪重:27.2千克
弹容:333发

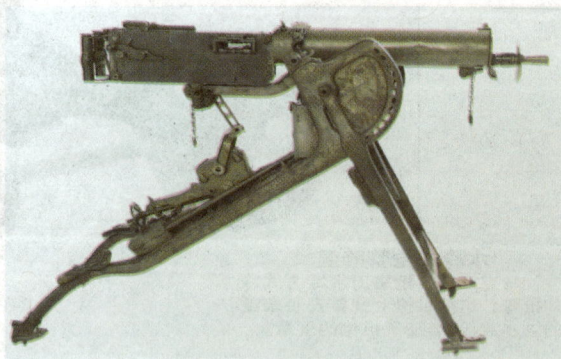

声名远扬,然而真正让马克沁大出风头的还是第一次世界大战。在索姆河战役中,德军使用马克沁机枪仅一天时间就击败约 60 000 名英军,从而成为第一次世界大战中伤亡人数最多的一场战役。此后,各国军队都相继装备马克沁重机枪,而"马克沁"一词很容易就让人将其与杀人利器联系在一起,足以见其威力之大。

正在使用马克沁机枪射击的士兵。

某些型号的马克沁机枪也可以配备三脚架。

俄罗斯
NSV型重机枪

握把
NSV 型重机枪枪机后端两侧各有一个握把，可使机枪在射击时保持平稳。

研制背景

　　苏联开发的 NSV 重机枪，其优越的整体性能和多处创新结构可与西方国家广泛使用的勃朗宁 M2 重机枪相抗衡。第二次世界大战时，勃朗宁研制了使用大口径机枪弹的 M2 重机枪，并因结构简单、操作方便，受到广泛的好评。苏联在二战中也开发了与美式 M2 重型机枪类似的 DShK 重机枪。但该枪的供弹机构复杂,而且体积庞大,不易携行装备。因此,苏联又于 20 世纪 60 年代制成了 NSV 型重机枪。该枪采用导气式自动原理,独特的枪机偏移式闭锁机构。目前,该枪整体性能仍是同类机枪中最好的。

独特设计

大多数机枪的闭锁方式都是通过枪机前端、后端偏转与机匣闭锁,即枪机偏转闭锁方式。而 NSV 重机枪则采用了独有的

⊕ 核心数据

型号:	NSV
口径:	12.7毫米
枪长:	1560毫米
枪重:	25千克
弹容:	50发

NSV 型重机枪的弹箱中可容纳弹容为 50 发的弹链。

NSV 重机枪最终被 KORD 所取代。

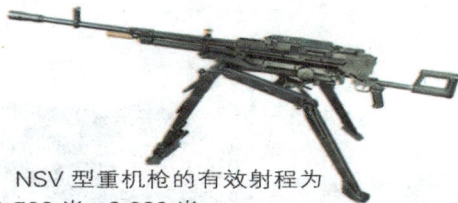

NSV 型重机枪的有效射程为 1 500 米 ~2 000 米。

NSV 衍生型号 KORD 重机枪。

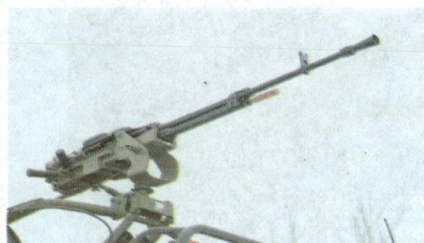

NSV 衍生型号 NSVT 型重机枪。

侧向偏移式闭锁方式。枪机设计迥然不同,枪机的前、后端不是左右偏转,而是整体平行移动闭锁。机框与枪机通过 2 个卡铁联结成平行四连杆闭锁机构。当机框在火药燃气作用下后退时,卡铁使枪机左右平行移动完成开锁动作。这种闭锁方式可以使枪机体大大缩短。虽然枪机短而轻,但 NSV 的设计中增大了机框的质量,从而确保了射击时枪体的平衡。

NSV 重机枪的活塞与活塞筒的设置与众不同。一般的导气式武器的设计是在机框前端设置活塞,在导气箍后侧设置活塞筒。而 NSV 则恰恰相反——在机框前端设置活塞筒,导气箍后面设置活塞。活塞尾部装设调节器,可对进入导气装

车载 NSV 型
安装在坦克上的 NSV 衍生型 NSVT 重机枪。

置的火药燃气量进行适当调节。抛壳装置也有独到之处。NSV 没有传统的抛壳挺,由抽壳钩将发射后的弹壳从枪膛拉出。枪机后坐时利用机匣上的杠杆,使弹壳从枪机前面向右滑动,以偏离下一发弹的轴线。枪机复进时,将下一发子弹推入膛中,复进到位后,枪机左偏闭锁,弹壳脱离枪机槽,被送入机匣右侧前方的抛壳管,排出枪外。由于机匣上无抛壳孔,因此具有火药燃气后泄少的优点。当该枪车载使用时,抛壳管排出的火药燃气易被导向车外,而且,这种向机匣前方抛壳的方式,使弹壳落在车内而不易散乱。后来俄罗斯研制的无托式突击步枪的抛壳机构,大都采用了这种前抛壳的方式。

　　该枪的枪管前端装有喇叭式膛口防跳器,这一装置还兼有消焰作用,以防止夜间发射时的火焰伤害射手眼睛。枪管的更换较为迅速,每射击 1 000 发子弹就需要更换一次,更换枪管时只需拨动杠杆将机匣右侧的枪管锁拉出便可将其卸下。

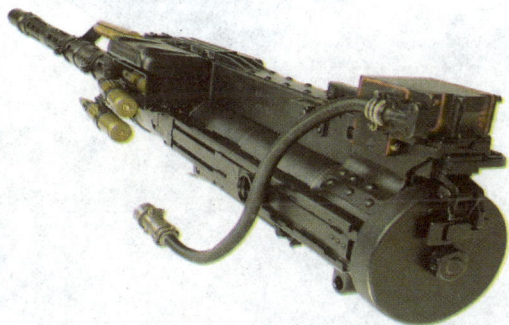

俄罗斯 郭留诺夫 SG43重机枪

苏联郭留诺夫 SG43 是用于杀伤集结有生目标或对付低空飞行目标的重机枪,于第二次世界大战期间研制完成,并大量装备苏军,从而取代了马克沁机枪,成为 DP 系列机枪的火力补充武器。

结构特点

郭留诺夫 SG43 重机枪采用导气式自动方式和枪机偏移式闭锁机构,采用"击锤"平移式击发机构,即运用枪机框上的击铁,起到"击锤"的作用,击铁利用复进簧的能量撞击击针击发枪弹。

在复进簧的作用下,枪机框通过闭锁斜面带动枪机向前复进。当其继续复进时,在闭锁斜面的相互作用下,迫使枪机后端向右偏移, 使尾部的闭锁支撑面进入机匣内的闭锁卡

槽,之后,枪机框复进到位,击铁的限制面挡住枪机的限制面,完成闭锁动作。

机枪发射

　　射手向后拉动拉机柄,使复进簧被压缩,阻铁突笋进入枪机框下面的扣合孔内,枪机处于待击状态。发射枪弹时,保险片被抬起,解脱保险,然后向前推动扳机,扳机通过扳机托座迫使阻铁杆上抬,阻铁突笋脱离扣合孔,枪机框在复进簧力的作用下,向前复进撞击枪弹击发。

　　SG43重机枪的供弹方式为单程输弹、双程进弹。枪弹从拨弹位置到进膛,要经过前、后两次循环才能完成。

　　第一个循环将枪弹送到取弹口;第二个循环完成抽、压、推弹入膛等

SG43重机枪安装轮子后可加快移动速度。

一系列动作。第一个循环时，当枪弹击发后，枪机框后坐，从而带动拨弹滑板向左运动，拨弹齿将弹链中的下一个链节拨入输弹口，使链节中的枪弹沿着受弹器的导弹面向取弹口运动。当枪弹和链节滑过阻弹齿后，在阻弹齿簧的作用下，链节和枪弹被阻弹齿卡住，并规正枪弹的取弹位置。第二个循环时，枪机后坐带动取弹机后坐，取弹机的两个取弹钩将枪弹底部的突缘钳住，并从弹链中将枪弹抽出，沿受弹器框导槽向后滑动。当枪弹底部突缘对准受弹器框的垂直槽时，枪弹便在压弹挺作用下，下落到进弹口内，被规正在预备进膛位置。枪机复进时，推弹突笋将枪弹沿受弹器框的导弹斜面推动，经导弹突笋的规正进膛。至此，循环供

俄罗斯郭留诺夫 SG43 重机枪。

弹动作顺利完成。

　　SG43 重机枪的供弹机构非常复杂，这是因为枪弹底缘突出，同时又必须采用弹链供弹，因而被迫采取单程输弹、双程进弹的供弹方式。SG43 重机枪在服役过程中发挥了重要作用，它的研制为前苏联作战部队补充了及时火力。

⊕ 核 心 数 据

型号:SG43
口径:7.62毫米
枪长:1 708毫米
枪重:13.8千克
有效射程:1 000米

俄罗斯 马克沁 M1910重机枪

马克沁 M1910 重机枪又叫做 PM1910 马克沁。该枪是由海勒姆·马克沁发明的马克沁机枪的衍生型号。日俄战争后期，各国都认识到了机枪的重要性。尤其俄国对机枪的研制生产给予了高度的重视，将更多的战略资源投入到该领域。于是,在马克沁重机枪基础之上，俄国又研制了 M1910 式重机枪，该枪于 1910 年正式装备军队，是第一次世界大战中俄国陆军及二战中的苏联红军的重要武器装备之一。可以说 M1910 式

⊕ 核 心 数 据

型号	M1910
口径	7.62毫米
枪长	1 110毫米
枪重	45.2千克
弹容	250发

俄罗斯马克沁 M1910 重机枪。

重机枪的研制对俄罗斯有着深远的意义。

M1910 式重机枪的口径为 7.62 毫米，采用枪机短后坐式工

马克沁 M1910 重机枪对俄罗斯有着深远的影响。

马克沁 M1910 重机枪枪口特写。

作原理，冷却方式由水冷式改为气冷式，枪口部位取消了制造工艺复杂的消焰器。该枪可发射比利时兵工厂研制的 7.62×54 毫米枪弹，初速为 860 米/秒，表尺射程为 2 200 米，由 250 发弹带供弹，理论射速约为每分钟 500 发～600 发。

M1910 重机枪与英国和德国生产的马克沁机枪几乎没

马克沁 M1910 重机枪采用了独特
的索科洛夫轮式枪架。

有太大的差异，只是采用了独特的索科洛夫轮式枪架。M1910 重机枪在服役期间经历了第一次世界大战、十月革命，它的研制为俄国的军备武装注入了新鲜血液。

直到第二次世界大战期间，M1910 式重机枪仍旧在前苏联红军中广泛使用。在俄国与芬兰的冬季战争中，前苏联士兵将 M1910 装在雪橇上，以便于在雪地环境下机动作战。1943 年，M1910 式重机枪最终被 SG43 郭留诺夫重机枪所取代，结束了它的"辉煌时代"。

俄罗斯 DShK重机枪

DShK 重机枪即 DShK1938 重机枪，是苏联在 1938 年第二次世界大战期间装备的重型防空机枪。苏联的第一种大口径重机枪于 1925 年底设计，当时苏联参照了德国德莱塞机枪设计了一种机枪，以满足对低空防御武器的需求，但在实际测试中发现该机枪的性能并不可靠，而且射速偏低。所以在 1938 年，著名的苏联轻武器设计师斯帕金设计了一种转鼓形弹链供弹机构，并将其装在 DK 机枪上，代替原来的弹匣供弹机构，以增加机枪的实际射速。在 1939 年 2 月该

⊕ 核心数据

型号：DShK
口径：12.7毫米
枪长：1 625毫米
枪重：33.5千克
弹容：50发

俄罗斯 DShK 重机枪。

机枪被苏联军队正式采用,并重新命名为"DShK 重机枪",即"捷格加廖夫－斯帕金大口径机枪"。第二次世界大战开始前DShK 重机枪已生产了 2 000 挺,并被广泛应用于低空防御和步兵火力支援。

由于转鼓式弹链供弹机结构复杂、故障率高,所以战后俄国对 DShK 重机枪进行了改进,主要是用旋转的弹链式供弹机构代替原始的套筒式动作机构,将 RP–46 轻机枪上的往复式供弹机构转用在 DShK 机枪上。改进后的新机枪于1946 年正式被采用并重新命名为"DShKM 重机枪"。

结构设计

DShK 重机枪是一种弹链式供弹、导气式操作原理、可全

照门
DShK 重机枪采
了立框式照门。

DShK 重机枪可安装在坦克上使用。

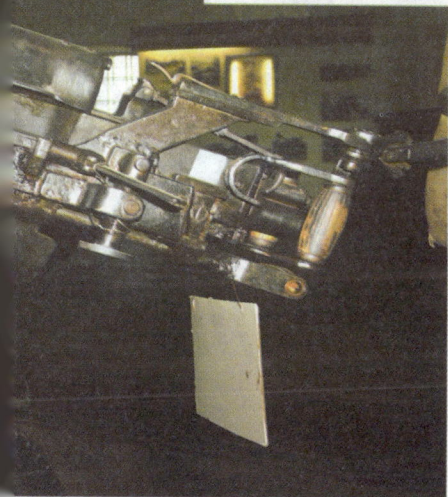

自动射击的武器系统。该枪采用开膛待击方式，闭锁机构为枪机偏转式，依靠枪机框上的闭锁斜面，使枪机的尾部下降，从而完成闭锁动作。

DShK 机枪使用重型枪管，枪管前方为大型制退器，中部有散热环，用以增强冷却能力，枪管后下方有用于与活塞套筒相结合的

结合槽。枪管内有 8 条右旋膛线。导气箍上为气体调节器，可调节作用于活塞上的气体，以保证复进机的后坐速度稳定。枪管前部为带护翼的柱形准星，机匣后上方为框架形立式照门，机匣后壁上安装了把手和扳机。

　　该枪使用不可散弹链，受弹机外形类似于一个圆鼓，有一个带轴和制逆轮的拨弹轮。弹链从左侧装入枪机，当拨弹轮在枪机框的带动下转动时，枪弹在转轮内同时旋转并作直线运动，每射击 1 发枪弹，就有 10 发枪弹在转轮内参与运动，枪弹逐渐从弹链中拉出来，最后被枪机推进弹膛。为了提高射速，DShK 机枪还增加缓冲簧力、复进速度，并在弹膛部分开槽以减小抽壳阻力、增大活动部分运动速度等。

法国 M1914 哈奇开斯重机枪

<table>
<tr><td colspan="2">⊕ 核 心 数 据</td></tr>
<tr><td colspan="2">型号：M1914</td></tr>
<tr><td colspan="2">口径：7.92毫米</td></tr>
<tr><td colspan="2">枪长：1 270毫米</td></tr>
<tr><td colspan="2">弹容：24/30发</td></tr>
<tr><td colspan="2">有效射程：3 500米</td></tr>
</table>

M1914 哈奇开斯重机枪是法国哈奇开斯公司以 M1897 哈奇开斯机枪为基础推出的一种武器。哈奇开斯公司在 M1897 的基础上开发出了一系列武器,哈奇开斯重机枪在战场上显示出的优异战术性能使其受到法军当局的重视。

结构特点

M1914 哈奇开斯重机枪的冷却方式为水冷式,该枪只能进行连发射击。采用导气式工作原理,闭

M1914 重机枪可以安装在三种平射枪架上使用。

法国哈奇开斯 M1914 重机枪。

M1914 重机枪的枪管后部有 5 个宽大的面饼形散热环。

锁动作由铰接在枪机尾端的闭锁栓上下偏移来实现。M1914 哈奇开斯重机枪没有设置专门的保险机构，采用 24 发或 30 发的刚性弹板，还可以将几个弹板连接在一起，形成容弹量更大的弹带。该枪采用片状表尺，缺口式照门。在对空中目标实施射击时，可将该枪安装在专门的高射枪架上。M1914 哈奇开斯重机枪还可以安装在三种平射枪架上使用，分别是 1914 式、1915 式和 1916 式枪架，其中 1916 式枪架使用最为普遍。

M1914 哈奇开斯重机枪的结构简单，零部件数量少，威力可观，即便在恶劣环境下射击可靠性仍很好，不过该枪质量很大，超过 49 千克，是一支名副其实的"重机枪"，运输极为困难，需要两名机枪手推着手推车或者马车进行运输，因此该枪的机动性很差。

哈奇开斯 M1914 重机枪及弹箱。

英国 维克斯 MK1重机枪

维克斯 MK1 重机枪由维克斯公司完成生产，因此曾一度被称为维克斯－马克沁机枪。该枪是马克沁机枪的改进型。1912 年 11 月,英国军队正式装备该枪，并且在第一次世界大战和第二次世界大战中都使用了此枪。1968 年,英军正式宣布维克斯机枪退出现役。

⊕ 核 心 数 据

型号:维克斯MK1
口径:7.7毫米
枪长:1 156毫米
枪重:18.2千克
弹容:250发

结构特点

维克斯 MK1 重机枪性能可靠,使用广泛。该枪使用可快速更换的枪管和可容纳 4 升水的钢制护套,这使它可以保持

数小时的连续射击,提供强大的火力。不过该枪重量过大,水和弹药使它很笨重,加上三脚架后该枪重约 38 千克,灵活性较差,有时会因供弹故障而中止射击,理论射速较低。该枪的主要识别特征是其纵向散热槽的水套筒。

维克斯 MK1 重机枪采用枪管短后坐式工作原理,其闭锁机构为曲柄连杆式,击发机构为击针击发式,供弹方式为弹链供弹。该枪枪管外套,是容量为 4 升的水筒,连续射击 3 分钟水就

维克斯 MK1 的理论射速为 500 发 / 分。

会沸腾，沸水中的汽泡能
增加对流冷却，从而增大
枪管的热散失。冷却水的
蒸发速率为 0.9 升 / 1 000
发。枪上有一根柔性管子

未安装三脚架的维克斯 MK1 重机枪。

将水筒蒸发口与一冷凝罐相连以使蒸汽冷凝回收并在射击
间隙中重新注入水筒。机枪的抓弹器可上下移动，在枪机后
坐抽出弹壳的同时抓取一发新弹，抓弹器被上盖板上的斜面
下压使新弹对准弹膛的同时将弹壳抛出。该机枪在闭锁时，
两个连杆臂在机匣内成水平状。当枪管与枪机共同后坐 6 毫
米、膛内压力下降到安全限以下时，曲柄连杆后部的开锁凸

轮撞击机匣侧壁上的卡笋,使连杆翻转从而实现枪机开锁。

基本数据

维克斯 MK1 重机枪采用片状准星,表尺为立框式,觇孔式照门。该枪发射英国 Mark7Z 式和 Mark8Z 式 7.7 毫米枪弹。该机枪的弧形表尺上有两种刻度, 分别对应于使用 Mark7Z 式和 Mark8Z 式枪弹时的射程。Mark7Z 式枪弹的弹头初速为 744 米 / 秒,Mark8Z 式枪弹的弹头初速为 777 米 / 秒。维克斯 MK1 重机枪的理

表现射手操作维克斯 MK1 重机枪的艺术作品。

经实战证明,MK1 重机枪非常可靠,很少出现卡壳现象。

论射速为 500 发 / 分,战斗射速为 200 发 / 分,枪管长 724 毫米。在不含冷却水的情况下,全枪重 15 千克,含冷却水时重 18.2 千克,该枪的三脚架重 22.7 千克。

中国
W95式重机枪

W95式重机枪是我国在85式12.7毫米高射机枪的基础上自主研制的一款新型机枪。它继承了85式高射机枪的高精度、可靠性和良好的人机工效、美观的外形等优点。该机枪以平射为主，主要装备步兵。必要时，它还可实施高射，对武装直升机等低空目标进行射击。

核心数据

型号	W95
口径	12.7毫米
枪长	2 050毫米
枪重	43.2千克
弹容	60发

设计独特

W95式机枪应用了模块化设计理念，全枪由枪身、枪

架和瞄准镜三大部分组成,拆卸组合方便快捷。

枪管内膛表面镀铬,耐磨性、耐烧蚀性好。枪管后部设有与机匣配合的结合部、固定栓缺口,可以简便快速地装卸枪管。枪管圆锥面有纵槽,增加了枪管的刚度,并且有效地减轻了枪管重量,同时使枪的散热效果更加明显。

机匣采用了在轻武器设计中比较少见的、简单的圆筒形结构,这是该枪的一大特色。前部的环行卡槽与枪架固定座结合,将枪身与枪架连为一体。机匣内部有一闭锁支撑面,与枪机配合完成闭锁、开锁动作。内壁的纵向沟槽用来容纳多余的油和污垢,减小了枪机、机框与机匣之间的摩擦。机匣上的输链板外端有防尘板,在机枪不工作和恶劣环境条件下可保护输链器及机匣。瞄准具底座铆接在机匣上,表尺可以向前折叠。机匣尾部的断隔矩形环用来连接枪尾。

枪架为三脚式弹性枪架,由上架、下架和连接箍组成。三脚架杆采用薄壁:中压结构,重量轻而且弹性好,很好地承担了射击时枪身的后坐、前冲能量,确保了射击时枪身的稳定。前架杆可以伸缩,便于高射与平射转换。偏心结构的架杆紧定器,使三脚架容易折叠且架设牢固,行军作战相互转换的速度快。

通用机枪

　　通用机枪又被称轻重两用机枪。在安装两脚架时，可以作为轻机枪使用；安装三脚架时，便可以作为重机枪使用。通用机枪既具有重机枪射程远、威力大的优势，又兼备轻机枪携带方便、使用灵活的特点，是机枪家族中的后起之秀。

美国
M60通用机枪

性能出众

    M60 通用机枪是第二次世界大战后美国制造的著名机枪，因其火力持久而颇受美军士兵的青睐，1958 年美军将其列为制式武器装备，尽管出现了 M249 5.56 毫米机枪和 M240 7.62 毫米机枪，但

⊕ 核 心 数 据

型号：M60	
口径：7.62毫米	
枪长：1 105毫米	
枪重：10.5千克	
初速：855米/秒	

美国 M60 通用机枪。

M60 自身优秀的性能和不断适应新战术环境的特点是很多机枪所无法比拟的，现在许多国家将其列为军队主要装备。

不断研发

为满足不同作战部队的需要，M60 通用机枪装备以后，曾做了多次改进，主要出现了 M60E1、M60E2、M60C、M60D、M60E3、M60E4 等型号。后来，美军装备中 M60 式通用机枪最终被 5.56 毫米 M249 机枪所替代。但在美军某些特种部队，M60 系列通用机枪仍在役使用。

结构特点

M60 通用机枪采用导气式工作原理、弹链式供弹、枪机回转式闭锁、枪管可以快速更换。该枪可发射 7.62 毫米北约标准弹，由于 M60 机枪的射速低，且采用直枪托，所以射击精度极好。

该枪的枪机由机体、击针、枪机滚轮、拉壳钩等组件构成，机体前部有两个闭锁

配用两脚架的 M60 机枪。

M60 机枪安装弹链时机匣的特写。

M60 采用了衬套式结构，提高了枪管抗烧蚀能力。

手持 M60 机枪的美国士兵。

97

卡笋,枪机底部为曲线槽,可与枪机框导突笋相扣合,以借助枪机回转最终实现开、闭锁动作。枪机的自由行程较长,同时缓冲器也吸收了大部分后坐能量, 这使机枪的射速降低,每分钟发射枪弹约550发左右。机枪射击时枪身易于控制,且由于该枪只能连发射击,所以发射机构也相对简单。

　　该枪的导气装置独具特色,采用自动切断火药气体流入的办法控制作用于活塞的火药气体能量。枪管下的导气筒内为凹形活塞, 活塞侧壁上的导气孔正对枪管上的导气孔,当

M60 机枪配设两脚架后的有效射程为 800 米。

火药气体进入导气筒后,导气筒前部的气室膨胀,火药气体压力达到一定程度时,推动凹形活塞向后运动,进而活塞又推动与枪机框相连的活塞杆向后运动。当活塞向后移动时,侧壁上的导气孔关闭,并自动切断火药气体的流入。这一结构较为简单,无须机枪内的气体调节器进行调节,但也存在缺点,即无法调节机枪的射击速度。

实战考验

人们经常在一些反映战争的影片中看到 M60 通用机枪的身影,而且美军把它作为冲锋枪使用。而实际上在越战时期,美军士兵确实大量使用 M60 通用机枪,凭借其猛烈的火力来压制越军。

此外,在 1983 年,美国一支突击队曾用两挺 M60 机枪,对抗两栖装甲车,最后克敌制胜,营救出当时的英国的总督斯库思。

德国 MG34式通用机枪

二战扬威

MG34 式通用机枪于 1934 年研制成功,它作为世界上第一款通用机枪, 在第二次世界大战中大显神威。后来,德国 HK 公司在战后又研制出了多种两用机枪。

MG34 是第一种大量列装部队的现代通用机枪,是德军在第二次世界大战中广泛使用的步兵武器之一。从实战效果来看,MG34 机枪无论是从结构设计,还是从性能上来说,都取得了巨大的成功。

一枪多用

德国 HK 公司生产的MG34通用机枪枪管的冷却方式由原来的水冷改进为气冷,并且改进后的枪管装卸起来也非常简便,射手可以用更换枪管的办法解决因连续射击而导致枪管过热的问题。MG34 式通用机枪可以用弹链

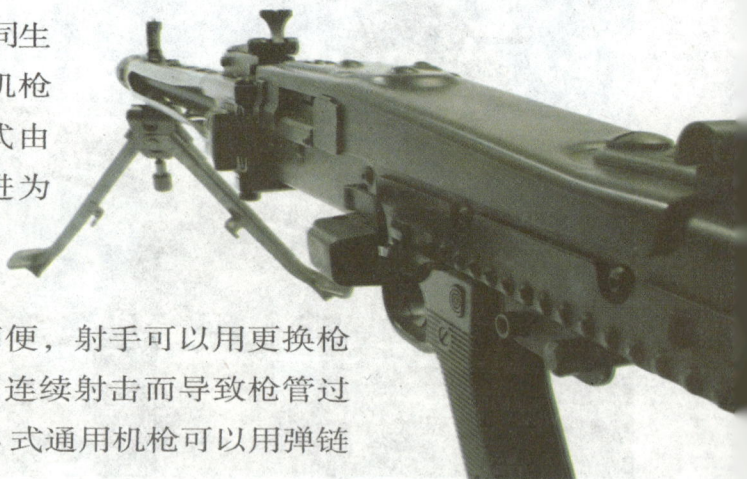

⊕ 核 心 数 据	
型号:MG34	
口径:7.92毫米	
枪长:1 219毫米	
枪重:12.1千克	
弹容:50/75/250发	

或者弹鼓供弹，而且既可做轻机枪使用，又可做重机枪使用。如果将该枪架在高射枪架上,它便又成了高射机枪。

延伸开发

　　MG34式通用机枪有多种变型枪，包括 MG34 改进型，MG34S 和 MG34/41。其中,MG34 改进型为车载机枪;MG34S

为短枪管型。改进型机枪比原型机枪尺寸短，具有更好的缓冲效果和枪管助退作用。

结构特点

MG34式通用机枪采用枪管短后坐式工作原理，设有膛口助退器和消焰器；闭锁机构为枪机头回转式，开锁时通过枪机头两侧滚轮与枪管节套开锁加速凸轮凹槽相互作用加速枪机体后坐；供弹方式采用鞍形弹鼓供弹和弹链供弹两种方式。通过更换两种形式的机匣盖可以改变该枪的供弹方式。MG34式使用的弹链为开式金属弹链，作为轻机枪使用时弹链容弹量为50发；作为重机枪使用时将50发弹链彼此连接，容弹量可以达到250发。输弹

MG34通用机枪可选择弹链供弹和弹鼓供弹两种供弹方式。

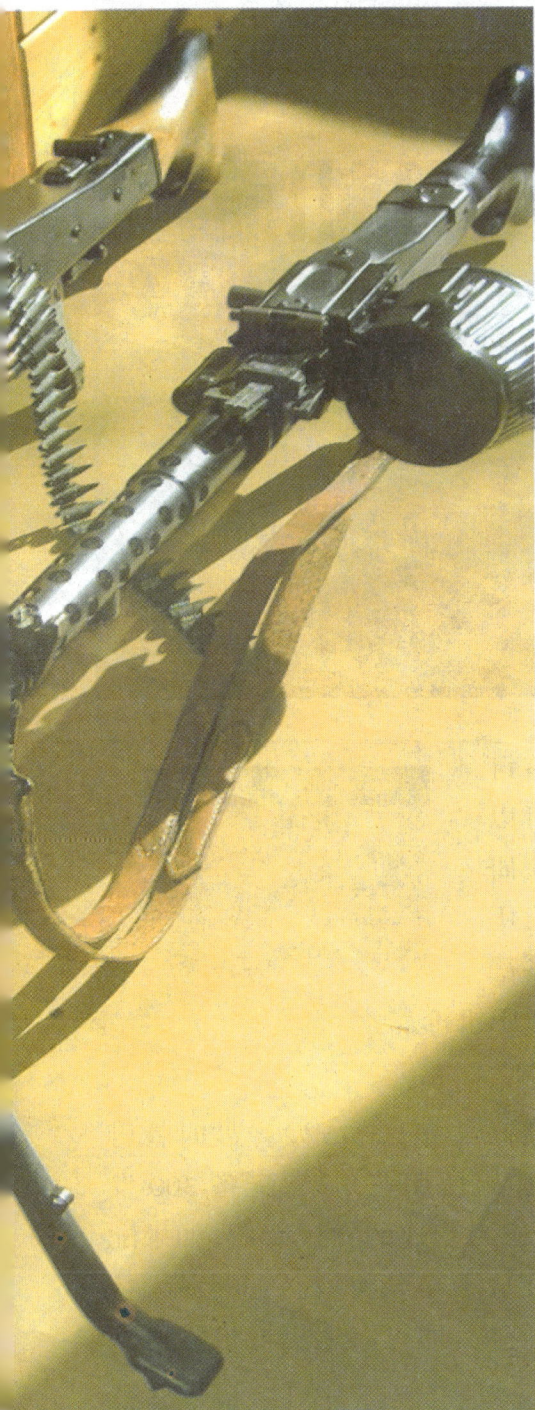

机构为拨弹滑板式，用枪机带动，可从机匣左右两面输送弹链，通过调换受弹器零件和供弹杆可改变输弹方向。鞍形弹鼓的容弹量为75发。退壳挺为圆柱形，安装在机头内，枪机后退时，退壳挺后端撞击机匣内的退壳挺衬轴而向前移动将弹壳抛出。该机枪准星为折叠式，表尺为带高射瞄准具的折叠、立式后瞄准器。

高成本武器

MG34 式通用机枪不但使用大量的贵重金属，而且它的散热器、机匣、和很多零件都是用整块金属切削而来的。不但材料利用率低，而且工艺复杂、加工时间长，造成了不必要的成本浪费，这也限制了 MG34 的大批量的生产。

德国 MG42通用机枪

第一次世界大战结束后签订的《凡尔赛条约》规定德国不可以制造重机枪，但是德国很快就研制出一种机枪，便是后来的通用机枪。由于该枪于1942年装备德国部队，所以又称之为MG42通用机枪。

⊕ 核 心 数 据
型号：MG42
口径：7.92毫米
枪长：1 219毫米
枪重：11.05千克
弹容：500发

"百变"机枪

当MG42通用机枪使用两脚架，配备75发弹鼓时就可以作为轻机枪跟随班排作战；如果使用三角架，配备300发弹箱，又可以作为重机枪使用，成为营连的支援武器；如果配备在装甲车或者坦克上，它又变成了车载机枪。它的最大特点是和轻机枪一样采用气冷式降温，通过迅速更换枪管来保持射击的连续性。

突破传统

MG42 研究成功,其实是枪械生产技术的一次重大的突破。该枪的设计者格鲁诺夫博士是金属冲压技术专家,而并非一个枪械设计专家。当时由于德军一线部队对机枪的需求量很大,他以非常专业的眼光认为按照传统枪械制造

德国 MG42 通用机枪。

工艺,很难满足德军一线部队的需求。他认为机枪采用金属冲压工艺制造是必然趋势。实际上,用金属冲压工艺生产的MG42 不仅节省材料和工时,构造也更加紧凑。这对于金属资源缺乏的德国来说,无疑是非常实际的。

MG42 刚刚诞生并且装备德国部队的时候,在西方的谍报人员来看,这实在是一款粗制滥造的武器,简直就是若干铁片和一根铁管的拼凑物。不过,在后来的实战中,MG42 通

安装固定枪架的 MG42 可作为高射机枪使用。

安装两脚架后的 MG42 机枪。

枪管
MG42 通用机枪枪管长 533 毫米。

用机枪让人们真切地见识了它可怕的威力。

工作原理

MG42 式机枪广泛采用点焊、铆工艺，结构设计复杂，给人的整体感觉是比较笨重。该枪采用枪管短后坐式工作原理；膛口枪管助退器兼有消焰和制退的作用；闭锁机构为滚柱撑开式。MG42 式通用机枪的供弹机构与 MG34

式机枪使用的相同,采用开式金属弹链,双程输弹机构利用
枪机能量带动。在枪机后退时,内拨弹齿带动枪弹和弹链移
动半个链节距;枪机复进时,外拨弹齿再带动枪弹和弹链移
动稍大于半个弹链节距。击发机构为利用复进簧能量击发的
击针式击发机构;发射机构只能连发射击,机构中设有分离
器,不管扳机何时放开,均能保证阻铁完全抬起,以保护阻铁
头不被咬断。枪管复进装置具有复进和缓冲双重作用,它分
别由 4 根弹簧、推杆、导杆和顶圈组成,统一安装在一个套筒
内。作复进簧时,4 根弹簧由前向后依次工作;枪管后坐即将
结束时,4 根弹簧同时工作,使其综合刚度大大增加,起到了
缓冲作用。MG42 式机枪枪管的更换装置结构特殊且可以快
速更换。更换装置由盖环和卡笋组成,它们位于枪管套筒后
侧,打开卡笋和盖环,便可迅速地将枪管取出。

107

德国
HK21通用机枪

HK21 通用机枪是一种轻重两用机枪,供弹方式为弹链式供弹,也可以通过安装弹匣适配器使用步枪弹匣。当该枪配备两脚架时，可作为轻机枪使用。两脚架可安装在供弹机前方或枪管护筒前端两个位置。安装在供弹机前方时,可增大射界,但精度有所下降；安装在枪管护筒前端时,虽射界减小,但可提高射击精度。当HK21 通用机枪配备三脚架时即可作为重机枪使用。

⊕ 核 心 数 据

型号：HK21
口径：7.62毫米
枪长：1 021毫米
枪重：7.92千克
弹容：100发

HK21 通用机枪的供弹具采用的是容量为 100 发的弹箱。

型号众多

HK21 是 G3 系列机枪的一种型号，其中的 HK21E 是 HK21 系列机枪最初的型号,"E"表示该枪为出口型。HK21E 的第一种改进型是 HK21A1，多年来还有各种各样的改进型。比如其中有一种型号为 HK11 的机枪其实是使用 G3 机枪的 20 发弹匣的 HK21。

工作原理

HK21 通用机枪的枪机在弹链上方往复运动，所以在向供弹机内装入可散弹链时,必须将弹链的抱弹口位置向上装入。拉动拉机柄到后方最大位置并转动，使其卡入后方定位槽中，枪机停于后方位置；向前释放拉机柄，枪机复进，推动子弹进入弹膛。

瞄准装置

　　HK21 通用机枪采用机械瞄准具，它是由带护圈的柱形准星和觇孔式照门组成的。照门的高低和风偏都可以调整，表尺射程为 100 米～1 200 米，每 100 米为一档。该枪也可配用高射瞄准镜、望远式瞄准镜或夜视仪。

HK21 机枪主体特写。

德国 HK21 通用机枪抛壳口。

德国 HK21 通用机枪。

中国
CQ7.62毫米通用机枪

　　中国 CQ7.62 毫米通用机枪以导气式为自动方式,闭锁方式为闭锁杆起落式,采用弹链供弹,只能连发发射。该枪的射速可以调节,气体调节器采用排气式原理。火药燃气经由枪管上的导气孔进入气体调节器,通过改变排气孔大小,作用于活塞的火药燃气能量,从而调整射速,使射速在 600 发 ~1 000 发 / 分的范围内变化,以适应不同的使用状态和环境。

　　该机枪采用瓣形消焰器,用螺纹固定在枪管上。枪管由优质合金钢制成,线膛采用国内先进的精锻工艺加工,大大提高了枪管强度和精度。该枪内膛镀铬,从而使枪管耐磨损和耐高温高压,即使射击枪弹超过 15 000 发后仍然不会出现横弹现象。

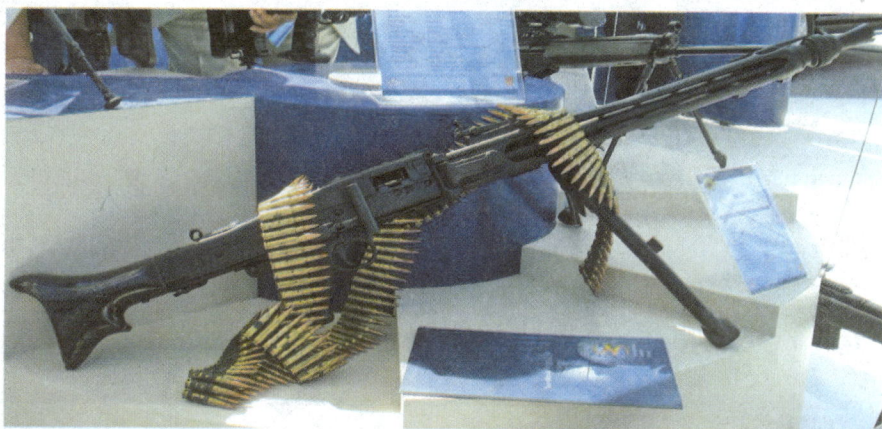

　　CQ7.62 毫米通用机枪的机匣采用冲铆结构,其优点是加工简单、结构坚固、动作可靠。机匣侧板内侧镀铬,提高了其耐磨性,减小了自动机运动时的阻力,也增强了机枪的抗腐蚀能力。该枪在受弹器、导气轴、活塞杆等零件上均采用了表面镀铬工艺,表面光滑,提高了耐磨、耐腐蚀性,同时对提高全枪寿命十分有利。
CQ7.62 毫米通用机枪机匣

⊕ **核心数据**

型号:CQ 7.62毫米
　　　通用机枪
口径:7.62毫米
枪长:1 280毫米
枪重:11千克
理论射速:650发~
　　　1 000发/分

内侧有纵向导轨,用于支撑和引导枪机和枪机框往复运动。机匣右侧有拉机柄导槽,抛壳窗位于机匣底部。

　　该枪的机械瞄具采用刀形准星，准星通过准星滑座与准星座连接。为满足特殊作战的需要，表尺座增设有瞄具接口，可根据需要安装白光瞄准镜。

　　该枪的发射机构没有单发功能，仅能连发射击。保险卡笋位于发射机座后上方。挂机后，将其推到右方为保险位置，推向左方为击发位置。CQ7.62毫米通用机枪配备了安装有缓冲装置的轻型合金枪托，托底板用橡胶包覆，大大提高了抵肩射击的舒适性。此外，枪托还设计成可与枪尾快速分解的结构，这样，当机枪需转入碉堡、战车或武装直升机等狭小空间时，不需要任何工具便可快速卸下枪托，缩短枪身长度。

CQ 7.62 毫米通用机枪。